叶哲语 叶洪涛 编著

我跟爸爸学编程：
从Python到C++

第2版

清华大学出版社

北 京

内 容 简 介

本书是中学生学习计算机语言的入门读物，从中学生的视角，用中学生易于理解的语言代替高深晦涩的专业术语，来讲解Python和C++两种语言的基本知识和编程技巧。本书将两种计算机语言进行比照讲解，书中绝大多数实例（除MFC实例）均有Python和C++两种程序版本，这样可以帮助初学者了解不同计算机语言的特点及优势，对于读者将来学习一种新的计算机语言，以及在不同语言之间的转换具有重大意义。

全书共分20章。序章，开启你的编程之旅；第1~8章，介绍Python和C++语言的基本结构和语法应用；第9~17章，深入介绍Python和C++的图形、函数、文件及面向对象等编程技巧；第18~20章，介绍Windows下的编程特色应用。书中提供了大量应用实例，并附有练习题。

本书可作为中学开设计算机语言课程的教材或教学参考书；对于学习编程比较难以入门的高中生，也可将本书作为入门参考。

图书在版编目（CIP）数据

我跟爸爸学编程：从Python到C++ / 叶哲语, 叶洪涛编著. -- 2版.
北京：清华大学出版社, 2025. 2. -- ISBN 978-7-302-68403-9

Ⅰ. TP312.8-49

中国国家版本馆CIP数据核字第2025UV0246号

责任编辑：陈绿春
封面设计：潘国文
责任校对：胡伟民
责任印制：刘　菲

出版发行：清华大学出版社
　　　　　网　　　　址：https://www.tup.com.cn，https://www.wqxuetang.com
　　　　　地　　　　址：北京清华大学学研大厦A座　　邮　编：100084
　　　　　社　总　机：010-83470000　　邮　购：010-62786544
　　　　　投稿与读者服务：010-62776969，c-service@tup.tsinghua.edu.cn
　　　　　质　量　反　馈：010-62772015，zhiliang@tup.tsinghua.edu.cn
印　装　者：河北盛世彩捷印刷有限公司
经　　销：全国新华书店
开　本：188mm×260mm　印　张：16.25　字　数：410千字
版　次：2020年7月第1版　2025年4月第2版　印　次：2025年4月第1次印刷
定　价：69.00元

产品编号：107940-01

四年前，当我还是一名初二的学生时，我与父亲携手将那本略显青涩的《我跟爸爸学编程：从 Python 到 C++》的书稿交给了清华大学出版社。那时的我，未曾预料到这本书会收获如此广泛的关注与厚爱。因此，当获悉有机会让这本书再版时，我的内心充满了无比的兴奋与喜悦。然而，由于高中学业繁重，直到高考落幕，我才得以抽身，全心全意地投入这项工作中。

在这漫长的四年里，尽管学业压力如山，我仍挤出宝贵的闲暇时光，不断深化对编程的学习与探索。随着知识的日益丰富和经验的逐步积累，我对编程有了更为透彻的领悟与见解。如今重新审视四年前的《我跟爸爸学编程：从 Python 到 C++》第一版，我仍能察觉到其中的些许不足，特别是某些难点的阐述尚欠清晰。

此次再版，我对全书内容进行了全面的梳理与修订，针对每一处瑕疵都进行了精心的打磨，力求使书籍的逻辑更加严谨、结构更加合理。同时，在第 20 章中，增添了两个更为贴近实际应用案例，以期为读者提供更加实用的学习素材。

值得一提的是，本书中的文字与程序代码均系我亲自撰写与完成，所举实例也为我独立设计。然而，作为一本计算机语言的教学书籍，实例的选取需要注重简洁与典型，具有广泛的适用性，因此，难免与其他著作中的实例存在相似之处，这一点敬请读者谅解。

在撰写本书之前，我曾广泛涉猎多本关于 Python 与 C/C++ 的专著，并汲取了诸多在线学习资源的精华，这些都对我产生了深远的启发与助益。但在本书的创作过程中，我并未直接引用他人的观点或内容，故未列出参考文献。

对于资深的程序员而言，本书中的示例程序或许显得不够专业与完美。的确，在整理这些示例时，我在确保程序正确运行的前提下，尽量对其进行简化，以提升其可读性，便于初学者理解。因此，在追求简洁性的过程中，我可能忽略了程序中的容错性与兼容性设计。

此外，本书在编排上摒弃了传统教材以理论为主、实例为辅的模式，而是采用了以实例为主导的方式。对于实例中未涉及的理论与概念，本书一般不作赘述。这种编排方式旨在满足那些尚未掌握足够背景知识的初学者的实际需求。

最后，我要向我的父亲表达最深的谢意，他不仅是本书的合著者，更是我专业成长道路上的引路人，他的悉心指导与鼎力支持使这本书得以更加完善。同时，我也要感谢我的母亲，她始终如一的鼓励与陪伴是我勇往直前的强大动力。此外，我还要感谢我的老师和同学们，他们对我参与各类编程活动的支持与鼓励让我备感温暖与鼓舞。

本书的配套资源请扫描下面的二维码进行下载，如果有技术性问题，请扫描下面的技术支持二维码，联系相关人员进行解决。如果在配套资源下载过程中碰到问题，请联系陈老师，联系邮箱：chenlch@tup.tsinghua.edu.cn。

技术支持

源程序

叶哲语

2025 年 3 月

目录

序章

开启你的编程之旅

致初学者

亲爱的读者朋友，如果你是第一次接触编程，可能首先会问，学编程很难吗？或者其实你想问的是，学编程有意思吗？如果你还是中小学生，我想你大概不会问，学习编程有什么用？只有大人才会问这样的问题。

我可以回答你，编程不难，而且十分有趣。

谁说不难啊？

我刚开始学编程的时候，觉得好难啊！如果说现在觉得不是那么难，也是在学会了一些技巧之后。

确实是这样，对于绝大多数从未接触过编程的初学者来说，要有一个适应的过程。因为它需要你改变常规的思维方式，逐渐形成一种编程思维。对于不同的初学者，这个过程可能很短，也可能很长，少则数日，多则数月。

但这并不等于你最后一定会适应。问题在于，经过这么长的时间，你是否还保持着最初的兴趣。至于它是否有助于你将来考大学、挣大钱，这个毋庸置疑。我不想多加论证，但我从没见过哪一个优秀的程序员是因为这个来学编程的。兴趣才是引导他们进入这个领域，并且获得成功的主要动力。

编程不像你在学校学习其他的知识，即便不是那么喜欢，只要你智商没有问题，外加一定的努力，总能取得不错的成绩。但编程却不是，等到最初的兴趣消耗殆尽，你最有可能的选择就是放弃。而一旦放弃可能就是永远。

虽然将来在大学期间，你仍然可以像应对其他学科一样靠刷题通过计算机等级考试。但是你要知道，手里拿着计算机等级证书却不会编程的大学生，恐怕比持有驾照却不会开车的司机还要多！

本书的目的在于，激发并保持你对于编程的兴趣，并尽快帮助你顺利度过适应期。

你小的时候玩过乐高积木吗？或者是像《我的世界》那样的电子游戏？

其实编程有些像你玩过的乐高积木，无论哪种语言，也无论多么庞大和复杂的计算机程序，基本都是由简单的语句结构和有限的规则重复搭建而成的。而且比乐高积木简便的是，众多相似或者重复的部分并不需要你一块一块地重复构建，而可以通过结构化编程来实现。

如果相比你在学校课堂上所学的语文、数学以及科学课程知识，初学一门计算机语言所应记住和掌握的知识点要少得多。

当然也有这样的孩子，完全不需要适应期，刚一接触就喜欢上了编程，如鱼得水。如果你是这种孩子，那本书就显得没有必要了。不仅本书，所有的实体书对你来说意义都十分有限。

还有的家长可能会说，我家是女孩，听说女孩不适合学编程。这话多少带有一些性别歧视的意味。确实，许多计算机兴趣班很少有女生参加。而且计算机软件的从业人员中，确实男性多于女性。

但是世界顶级的计算机专家中，从来都不乏女性的身影，而且世界上的第一名程序员也是女性。

还有，别忘了，本书的第一作者也是女孩哦！

还有的读者问，我的英文不好，能学编程吗？听说计算机程序都是由英文写成的。

多数计算机语言的关键字都来自英文单词没错，但这是它与英文仅有的联系。而且关键字的数量相当有限。你的英文学得好不好，与你能否学好编程，基本没有什么关系。

本书读者群

本书主要面向10～14岁的中小学生。如果真心想学编程，其实无所谓早晚。学龄前不能说早，大学也不能算晚。现在有不少小学三年级以下的孩子，已经具备了足够的阅读理解能力和数学知识储备，在老师或家长的指导下使用本书，也是没有问题的。

如果你已经上了高中，建议你直接去读面对成人的、讲解更深入的、有针对性的书籍。不过，如果你对那些书中的内容感到费解，有些无所适从，从本书开始依然是一个不错的选择。

市场上还有很多专业计算机书籍，其实并不太适合于初学者。其最大的问题就是过于专业，多注重于理论和算法的阐述，所用的实例也比较深涩，需要足够的背景知识，而这些无疑提高了学习编程的门槛。

如果在你第一次接触乐高玩具的时候，就让你搭建一座紫禁城，那么你一定会说：乐高好难啊！我不想学了。

编程也是一样，也许只是编程教学用的实例很难，或者强调的是某种深奥的算法。这其实取决于你的数学和分析能力，而与编程的难易无关。

本书的内容

本书很可能是你所看到的第一本将 Python 和 C++ 写在一起的书，而且使用的是相同的实例。Python 与 C++ 是两种差别巨大的语言，它们的语法和数据结构、运行机理和运行效率、功能与定位都有着很大的不同。

Python 是一种解释型的语言，不能脱离开发环境运行。其运行效率较低，但开发效率较高，多用于 AI 领域。C++ 是一种编译型语言，生成的执行文件可以脱离开发环境直接在操作系统中运行。其运行效率较高，但开发效率较低，多用于系统开发领域。

那为什么要把它们放在一起讲呢？

本书最初来源于作者小语的编程学习笔记，是在她学习 C 语言进入瓶颈期的时候，开始学习 Python 的。换一种编程语言，反而促进了对第一种语言的理解。在她的笔记中，就是两种语言交叉来记录的。

这也给你提供一个尝试同时学习两种不同计算机语言的机会。通过同样的实例，你可以很容易对两种语言的优劣和异同有一个直观的认识。在将来学习第三种、第四种乃至更多语言的时候，就会比较从容。更不至于在尝试某种 AI 项目时在学 Python 还是学 C++ 之间犹豫不决。

本书从第 9 章开始引入图形绘制的知识，此后的很多重要概念例如函数和类，都是通过绘图实例来讲解的，这也与很多计算机语言类图书不同。我觉得使用图形来展示这些概念和方法要更为直观，也更容易让读者理解和接受。俗话说得好，"一幅好图胜过千言万语"。

不过绘图通常既不是一种计算机语言的基本能力，也不是核心功能。对于 Python 和 C/C++ 来说，都有多种不同的图形库和绘图模块。有些是开发环境自带的，有些则是第三方插件（就是由其他软件公司或个人开发，可以嵌入编程开发环境的组件）。Python 我们选择其自带的 Turtle（意思是海龟）绘图模块。C/C++ 则选用了第三方开发的图形库 EGE。

需要说明的是，不同的图形库功能各异，互相之间差异很大，而且互不兼容，可移植性（指一段程序原封不动地应用于另一种编程环境）也很差。不过，如果你熟悉了其中的一两种，再转而使用其他的图形库，操作起来也不难。

基于 Windows 的窗口编程，Python 选择的是自带的 Tkinter 模块，C/C++ 则选择 VS 的 MFC。关于 MFC 的地位和它是否已经过时，网上有过很多争论。而我们选择它主要是因为相对于更基本的 C++ Windows API，它的面向对象做得更充分，结构化更强，也更容易上手，因而也更适合教学。至于你将来是不是会用它来搞开发，学习它是不是浪费时间等，那是急功近利的成年人才会考虑的问题。

还是那句广为流传的话：
"学习的主要目的不是为了学到什么，而是学会怎样学习。"

关于本书使用的语言区分标记，在此说明如下。

Python

表示此段以下为 Python 语言内容。

C/C++

表示此段以下为 C 语言内容，与 C++ 语言兼容。

C++

表示此段以下为 C++ 语言内容，与 C 语言不兼容。

EGE

表示此段以下使用 EGE。

MFC

表示此段以下使用 MFC。

除了本书，我们还需要准备什么？

一台在学习本书时随时可用的计算机，以及相应的编程软件，此外还有网络。

编程必须有计算机才能学会吗？我想是的。

虽然也有这样的程序员，手写一大段程序，中间没有一处错误，但那一定具备了多年机上操作的经验。

只通过自己看书就能写出好程序的初学者，可能存在于 40 年前，计算机还没有普及的年代。

不仅如此，每编写一个程序都应该上机运行测试。不要试图一开始就写一个很长的、结构复杂的程序，而应从短小的、功能单一的题目做起。否则，当你第一次编译的时候，突然面对上百个意想不到的错误和警告消息的时候，你的信心会崩溃的。

在没有弄懂之前，也不要照抄别人的大段程序。

我初学 C 语言的时候，有一位同学曾把参考书上一个长达 3 页的程序代码输入计算机。结果编译时提示有 26 个错误。因为 Turbo C 只检查前 26 个语法错误，26 个错误往往意味着无数个错误。直到毕业设计结束，他的这个程序也没能编译通过。

现在网络上有很多现成的共享程序代码，很多程序员拿来就用。对于一名成熟的"码农"来讲，这样做似乎也无可厚非。毕竟可以减少很多学习、开发和调试的时间，而时间往往意味着金钱。但是对于初学者来说，不建议你这样做。

学完这本书，我就能随心所欲地编写各种程序了吗？

你永远不要指望通过一本书就能掌握一门计算机语言。不仅本书，以现在任意一种计算机语言的复杂程度，任何一本书都不可能帮你完成这个任务。

当年我初学 C 语言的时候，曾经买了一套 Turbo C 用户手册和参考手册。其中包含了 Turbo C 2.0 版全部库函数的用法，但 Turbo C 毕竟是一个安装后只有约 2MB 的小软件。现在的编程软件，连帮助文件都动辄以千万到十亿字节计，一本实体书怎么可能承载那么多的内容呢？

那么，当你想要自己开发一个新程序，需要了解更多的库函数用法时，该怎么办呢？

不建议你去买或者去图书馆查阅很多实体书籍，而应依靠电子文档和网络。Python 官方网站上有中文版帮助文档。VS 有完整的离线帮助文档 MSDN，其中包含全部库函数的用法。在很多网站上也可以查询到 Python 和 C++ 的开发文档。

或者，最直接的方式，直接提出你的问题，然后万事问百度。

现在，你还多了一种选择，去问 AI。像文心一言、通义千问、豆包 AI 等都可以回答简单的编程问题，并提供相关的实例。

准备好你的编程软件

在正式开始学习编程之前，你的计算机中应该安装好编程所用的软件，也就是编程环境。如果你是在培训机构学习，那么老师应该已经把这些都准备好了。如果是在家里学，父母或者亲朋中有人熟悉相关的软件，你也可以请他们帮你安装并设置好。但如果没人能够帮你，那就只好一切都由自己来做了，好在这个过程并不复杂。

以下列出学习本书所需的编程软件环境。

Python

可以从 Python 官方网站下载 Python 的编程环境 Python IDLE，目前其较新版本为 3.12.3。如果你所用的操作系统还是较早的 Windows XP SP3 或者 Windows 7，那么这个版本是无法使用的。支持 Windows XP SP3 的最高版本为 3.4.4。支持 Windows 7 的最高版本为 3.8.19。以上版本均可以从 Python 官方网站下载。

Python 官方网站网址为：https://www.Python.org/。

Python 文档网址为：https://docs.Python.org/zh-cn/3/。

Python IDLE 的安装并不复杂，选择默认安装方式即可。

在某些版本的 Windows 操作系统中安装 Python IDLE 并第一次运行时，有可能会出现如下提示：

"无法启动此程序，因为计算机中丢失 api-ms-win-crt-process-l1-1-0.dll"

其解决方法如下。

用百度分别搜索如下两个文件。

api-ms-win-crt-process-l1-1-0.dll

api-ms-win-crt-conio-l1-1-0.dll

将它们下载并复制到现在所用的操作系统的 windows\system 文件夹中即可。

提示：网上有的帖子会告诉你复制到 system32 文件夹中，或干脆让你更新或重装系统，那可是不管用的。

Python 官方网站上提供的 Python IDLE 文件为英文版，初始运行界面如图 0-1 所示（Shell 窗口）。

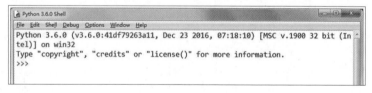

图 0-1

编写新程序时，执行 File → New File 命令，打开文件窗口，如图 0-2 所示。

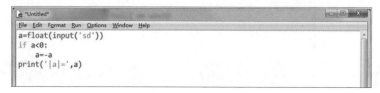

图 0-2

你可以像使用 Windows 附件中的记事本那样，将 Python 程序写在里面。

程序编写完成后，执行 File → Save 命令，将程序保存。

执行 Run → Run Module 命令运行程序，可以在 Shell 窗口中看到程序运行的结果。如果你还未命名相应的程序，软件会提示先保存程序。

打开一个已保存的程序，在 Shell 窗口或文件窗口中执行 File → Open 命令。

C/C++

C/C++ 的编程环境可以选用较庞大的 Microsoft Visual Studio（简称 VS），也可以选用比较简单的 Dev C++，但是本书第 18 ～ 20 章涉及 MFC 的部分则必须使用 VS。

Microsoft Visual Studio

Microsoft Visual Studio（VS）是美国微软公司出品的开发工具集，其中包含 C/C++ 以及其他多种计算机语言（如 C#、Java 等）的集成开发环境（IDE），其较新版本为 VS 2022。

VS 分为社区版、专业版和企业版，其中社区版（Community）可免费使用。

VS 可以从其官方网站下载，网址为：https://visualstudio.microsoft.com/zh-hans/downloads/。

注册方法和使用权限可以查看官方网站上的说明。

VS 软件十分庞大，安装需要较长时间，VS C++ 的运行界面如图 0-3 所示。

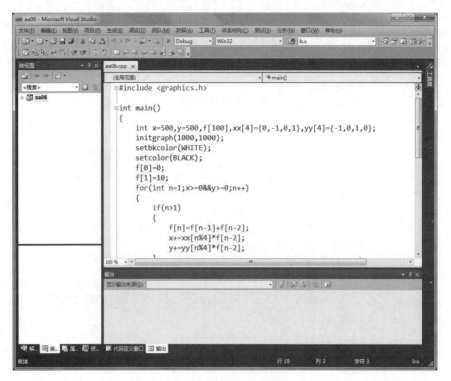

图 0-3

使用 VS 开发 C/C++ 程序，其过程要比 Dev C++ 复杂。在开始学习控制台程序（也称 DOS 程序或命令行程序）时，需要按以下过程操作。

首先执行"新建"→"项目"命令，弹出"新建项目"对话框，如图 0-4 所示。

图 0-4

在左侧模板栏中选择 Visual C++ 下的 Win32，中间部分选择"Win32 控制台应用程序"选项，在下方输入自拟的项目名称，单击"确定"按钮。

如图 0-5 所示，在弹出的"Win32 应用程序向导"对话框中，取消选中"预编译头"复选框，单击"完成"按钮。

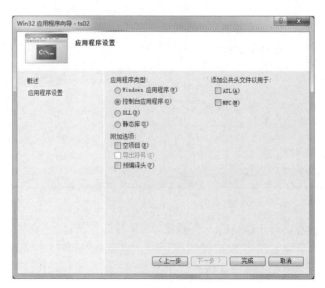

图 0-5

这个过程必须照做哦！否则在后面使用 EGE 图形库时，你的程序将无法编译通过。

此后，你即可在代码窗口中编写你的程序了。

执行"调试"→"开始执行"命令运行程序，可以在一个 DOS 窗口中看到程序的运行结果。

Dev C++

Dev C++ 是一个 Windows 环境下，适合初学者使用的轻量级 C/C++ 集成开发环境（IDE），同时也是一款自由软件，其较新版本是 5.11。

除了本书第 18 ～ 20 章涉及 MFC 的部分，其他的 C/C++ 程序在 Dev C++ 中都可以执行。

Dev C++ 中文版可以从 https://pc.qq.com/detail/16/detail_163136.html 网址下载。

Dev C++ 的安装过程并不复杂，选择默认安装方式即可。Dev C++ 中文版的运行界面如图 0-6 所示。

```
#include <iostream>
#include <iomanip>
#include <math.h>
using namespace std;

int main()
{
    double a;
    int i;
    a=0;
    for(i=1;i<=100;i+=2)
    {
        if(i%4==3)
        a-=1.0/i*(1/pow(2,i)+1/pow(3,i));
        else
        a+=1.0/i*(1/pow(2,i)+1/pow(3,i));
    }
    cout<<setprecision(15)<<a*4;
    return 0;
}
```

图 0-6

学习最初的控制台程序时，Dev C++ 不必像 VS 那样必须新建一个项目，直接建一个 C/C++ 源程序即可。但在第 9 章以后使用 EGE 绘制图形时，也需要先新建一个项目。

新编程序时，执行"文件"→"新建"→"源代码"命令，打开代码窗口。

你可以将 C 或 C++ 程序写在其中。

程序编写完成后，执行"文件"→"保存"命令，将程序保存。

执行"运行"→"编译运行"命令，运行程序，可以在一个新建的 DOS 窗口中看到程序的运行结果。与 Python IDLE 类似，如果你还未命名该程序，软件会提示你先保存程序。

打开一个已保存的程序，执行"文件"→"打开项目或文件"命令即可。

EGE（Easy Graphics Engine）

EGE 不是编程环境，而是一套针对 Windows 中 C/C++ 的简易绘图库。本书第 9 ~ 17 章中 C/C++ 部分的绘图实例均使用 EGE 完成。之所以选择 EGE，是因为相对于其他基于 Windows 的 C/C++ 绘图库，它更加友好、更容易上手。

EGE 可从其官方网站下载，网址为：https://xege.org/。

EGE 既可以在 VS C++ 下使用，也可以在 Dev C++ 下使用，具体的安装和使用方法详见本书第 9 章。

第 1 章

Hello World

本章，我们将从最简单的实例开始学习程序的基本结构。

几乎所有的编程语言都喜欢将"Hello World"作为第一个实例，那么我们也先从这里开始。

例 1.1　输出文字"Hello World!"

任务描述

在输出窗口中显示一行文字：'Hello World!'

我们先来看程序代码。

`Python`

源程序

```
print('Hello World!')                        # 输出函数
```

　程序只有一句，但是这一句的格式不能写错，既不能写成 print 'Hello World!'，也不能写成 print(Hello World!)，更不能随意增减标点符号。

　计算机语言首先要求的就是严格，马马虎虎可是不行的！

程序注解

● print( )：是 Python 中的输出函数，其功能是将 ( ) 中的参数值输出到 Shell 窗口中。

本例中，其参数是一个字符串：'Hello World!'。注意，单引号（'）不可以省略，否则会显示程序出错。

在 Python 中，也可以用双引号（"）来代替单引号（'），但必须成对使用。如果字符串中含有双引号（""），则外面就用单引号（' '）来引示，反之亦然。

● #：表示此后为注释内容，这一部分文字程序运行时会自动忽略。

运行结果

```
Hello World!
```

C/C++

源程序

```
#include <cstdio>              /* 包含头文件（标准输入输出库）*/

int main()                     /* 主函数 */
{
  printf("Hello World!");      /* 输出函数 */
}
```

程序比 Python 多出好几行，但核心的执行语句也只有一行，其他都是 C 语言的固定格式。同样需要注意，格式不能写错。

程序注解

- main( ){ }：主函数，是 C/C++ 程序的入口。

程序所执行的是 main 函数后 { } 中的语句，在此之外的语句，只有被 main 中的语句调用才会执行。

- printf( )：格式输出函数，此处将字符串 "Hello World!" 输出到输出窗口。

注意：printf 函数比 Python 中的 print 函数名结尾多了一个 f。

双引号（"）不可省略，也不可以用单引号（'）代替，这一点与 Python 不同。

C/C++ 中的语句以分号（;）结尾，且不可省略。

- 注释：C 语言中的注释用 /*……*/ 括起来，可跨越多行。在 C/C++ 语法中，可使用双斜杠（//）表示本行此后的内容均为注释，程序编译及运行时将自动忽略。

- #include <cstdio>：表示本程序要引用 stdio（标准输入输出）库函数。

因为 printf 函数是在 stdio 函数库中定义的，程序开头必须写上这一句，否则会在编译时显示"printf 标识符未定义"。

运行结果

与 Python 相同。

Dev C++ 和 VS 都会将运行结果输出到 Windows 操作系统的 DOS 窗口，这是从 20 世纪的 DOS 时代延续下来的。

C++

在 C++ 中，还有另一种输出方法。

源程序

```
#include <iostream>          // 包含头文件（输入输出流）
using namespace std;         // 使用命名空间

int main()                   // 主函数
{
  cout<<"Hello World!";      // 输出命令
}
```

程序注解

- cout：为 C++ 中的输出命令，此处将字符串 "Hello World!" 输出到输出窗口。
- <<：此处为输出运算符，该符号在别的地方还有别的含义。
- #include <iostream>：表示 cout 命令在 iostream 库中定义。
- using namespace std：使用 std 命名空间。

因为 cout 命令在 std 命名空间中定义，所以，如果此处不声明这一句，程序中就需要写成 std::cout。

运行结果

与 Python 相同。

例 1.2　求和

任务描述

在程序中设定 a=5、b=3，在窗口中输出 a+b 的值。

程序代码如下。

Python

源程序

```
a=5
b=3
c=a+b
print('a+b=',c)
```

程序注解

- a=5：含义是将常量 5 赋值给变量 *a*。

= 称为赋值运算符，与数学中的等式含义不同。在计算机程序中，它代表执行这一句之后，*a* 的值变为 5，而不代表之前的数值。

大家看懂上面这句话了吗？如果暂时看不懂也没有关系，只需先记住它与数学中的等式不同就行了。

- print('a+b=',c)：输出字符串 'a+b=' 和变量 *c* 的数值。

很多小朋友往往搞不清 print('a') 和 print(a) 的区别，在要求输出 a 的时候直接写上 print(a)，这样当然不会得到想要的结果。

这里再重申一下，'a' 表示一个字符串，它会作为数据存储在内存中。

而 *a* 在这里代表一个变量名，这只是为了方便编程人员操作而已，只在源代码中存在。在程序编译并执行的时候，它会转换为内存中的一个存储地址，而这个变量名本身已经不存在了。

而你想要输出字母 a，就必须在数据中有这个字母才行，因此只能写成 print('a')。

运行结果

```
a+b= 8
```

在上面的运行结果中，在 = 和 8 之间有一个空格，因为 print 函数默认使用空格来隔开各输出项。如果想取消这个空格，可将输出语句改成：

```
print('a+b=',c,sep='')
```

参数 sep='' 表示以一个空字符串来隔开各输出项。

运行结果

```
a+b=8
```

C++

源程序

```cpp
#include <iostream>
using namespace std;

int main()
{
  int a,b,c;                           // 定义变量
  a=5;
  b=3;
  c=a+b;
  cout<<"a+b="<<c;
}
```

程序注解

- int a,b,c：设置 a、b、c 为整型变量，即均为整数。

在 C/C++ 中，变量必须先声明数据类型后才能使用，这一点与 Python 不同。

- a=5：将常量 5 赋值给变量 a。

参考本例 Python 源程序后的说明。

运行结果

```
a+b=8
```

如果数值为小数，则需要设置变量为浮点型（float）。

可以在定义变量的同时，给变量赋初始值，相应语句如下。

```cpp
float a=5,b=3.7,c;              // 定义浮点型变量并赋初值
c=a+b;
cout<<"a+b="<<c;
```

运行结果

```
a+b=8.7
```

变量的定义

Python 和 C/C++ 的变量都遵循"先定义后引用"的原则，但在 Python 和 C/C++ 中，变量定义的概念有所不同。

Python 的变量定义在赋值时完成，如果变量未赋值就引用，在执行时编程环境会提示：程序出错，该变量未定义。

C/C++ 的变量定义是在声明变量数据类型时完成的，如果变量未声明数据类型就赋值或引用，在编译时会提示出错：该变量未定义。如果变量已声明数据类型但未赋值，在编译时会提出警示，但程序仍然可以执行。

学到这里，大家可能会问：写这么一大段程序来算这么简单的一道题，有意义吗？有那个工夫，按两下计算器不就解决了吗？其实，我在初学计算机编程的时候也有这个疑问，编程究竟能做什么？

请不要着急，让我们逐个例子看下去。

以上的示例程序都是只有输出，没有输入的。而在实际的软件应用中，多数都要针对一定的输入进行处理。

例 1.3 对输入求和

任务描述

在窗口中输出"请输入 a："并输入 a 值。

输出"请输入 b："并输入 b 值。

输出 a+b 的值。

先看程序代码。

Python

源程序

```
a=input(' 请输入 a:')          # 输入值赋给 a
b=input(' 请输入 b:')          # 输入值赋给 b
c=a+b
print('a+b=',c,sep='')
```

程序注解

- a=input(' 提示语 ')：是 Python 中的输入语句，功能是显示提示语并等待用户输入一段字符（按 Enter 键结束），并将输入值赋给变量 a。

运行结果（粗斜体字为输入）

```
请输入 a:12
请输入 b:13
a+b=1213
```

大家看一下这个结果是不是有什么地方不对？ 12+13 怎么能得 1213 呢？

这是因为 Python 3 默认 input 函数的返回值数据类型是字符串，而在 Python 中，字符串之间是可以"相加"的，就是将字符串合并在一起。

字符串不仅可以"相加"，字符串和整数还可以"相乘"，请看下面的语句。

```
print('abc'*3)
```

运行结果

```
abcabcabc
```

如果想将输入数据转换为数值，则需要数据类型转换函数。如果想转换为整型数，则使用 int() 函数，如要想转换为浮点数（小数），则使用 float() 函数。

源程序修改如下。

```
a=float(input(' 请输入 a:'))          # 输入转换成浮点数赋值给 a
b=float(input(' 请输入 b:'))          # 输入转换成浮点数赋值给 b
c=a+b
print('a+b=',c,sep='')
```

运行结果（粗斜体字为输入）

```
请输入 a:12
请输入 b:13
a+b=25.0
```

结果中的 25.0 代表结果为浮点数。

C/C++

源程序

```
#include <cstdio>

int main()
{
  float a,b,c;
  printf(" 请输入 a:");
  scanf("%f",&a);                              // 输入浮点数赋值给 a
  printf(" 请输入 b:");
  scanf("%f",&b);
  c=a+b;
  printf("a+b=%f",c);
}
```

程序注解

- scanf("%f",&a)：C/C++ 中的格式输入函数。%f 为格式符号，表示从输入中扫描一个浮点数赋值给下一个参数 a。

&a 表示变量 *a* 的存储地址（第 12 章详解），& 不可省略。

scanf 函数不能输出提示语，所以提示语需要提前用 printf 函数输出。

- printf("a+b=%f",c)：输出 a+b=（c 的值），%f 为格式符号，表示将下一个参数 c 的值转换成浮点数输出。

%f 代表输入 / 输出格式为浮点数，格式符号与变量的对应关系见下表。

数据类型

数据类型	变量定义	输入 / 输出格式符
整型	int	%d 或 %i
实型（浮点数）	float	%f、%g 或 %e（科学记数法）
字符型	char	%c
无符号整型	unsigned	%u
双精度实型	double	%lf 或 %le（科学记数法）

运行结果（粗斜体字为输入）

```
请输入 a:12
请输入 b:13
a+b=25.000000
```

如果将 %f 换成 %g，使用 VS C++ 输出则不会显示后面多余的 0，使用 Dev C++ 输出没有什么不同。

既然 % 已经被用作格式输出符号，那么，如果想输出一个 % 该怎么办？例如 90%，该怎么写？

其实好办，多写一个 %，写成 90%% 就可以了。

C++

源程序

```cpp
#include <iostream>
using namespace std;

int main()
{
```

```
    float a,b,c;
    cout<<" 请输入 a:";
    cin>>a;
    cout<<" 请输入 b:";
    cin>>b;
    c=a+b;
    cout<<"a+b="<<c;
}
```

程序注解

- cin>>a：C++ 中的输入命令，此处输入一个数值赋值给变量 a。
- >>：此处为输入运算符，注意与输出运算符方向相反。

该符号仅在此处用于输入、输出，在别处有其他含义。

运行结果（粗斜体字为输入）

```
请输入 a:12
请输入 b:13
a+b=25
```

本章要点

- 本章学习了 Python 和 C/C++ 基本的输入/输出函数和语句，其使用方法对比如下表所示。

语言	输入		输出	
	函数	语法	函数	语法
Python	input	s=input(' 提示语 ')	print	print(参数 1,···,sep=' 间隔符 ')
C/C++	scanf	scanf("% 格式符···", 参数 1,···)	printf	printf("% 格式符···", 参数 1,···)
C++	cin>>	cin>> 变量 1>> 变量 2>>···	cout<<	cout<< 变量 1<< 变量 2<<···

- Python 中的变量必须先赋值后再引用；C/C++ 中的变量必须先声明数据类型后再引用。

练习1 简单人机对话（1）

任务描述

在窗口中输出"请问你今年多少岁？"

输入一个数。

输出"再问一下，你妈妈今年多少岁？"

输入一个数。

输出"哦！我知道了，你妈妈比你大（输出差值）岁。"

第 2 章

选择

"选择"是计算机语言中最基础的语法结构，也被称为"条件结构"，其典型流程及语法格式如下表所示。

流程图	执行内容	语法	
		Python	C/C++

	如果条件表达式为真，则执行过程 1	......
		if 条件表达式：
		　过程 1
		......
			......
			if(条件表达式)
			{
			　过程 1
			}
			......

	如果条件表达式为真，则执行过程 1；否则执行过程 2	......
		if 条件表达式：
		　过程 1
		else：
		　过程 2
		......
			......
			if(条件表达式)
			{
			　过程 1
			}
			else
			{
			　过程 2
			}
			......

	如果条件表达式 1 为真，则执行过程 1；否则如果条件表达式 2 为真，则执行过程 2；否则执行过程 3	...... if 条件表达式 1： 　过程 1 elif 条件表达式 2： 　过程 2 else： 　过程 3	C/C++ 中没有对应的语法格式

关于流程图

早期的计算机语言教程都配有很多流程图，现在的书则很少见了。这大概是因为新的计算机语言功能都很强大，传统流程图已经很难表达。本书只是在讲解基本的程序结构时会用到流程图。

读懂和绘制流程图并不是学习编程的必要条件。计算机程序代码是给计算机用的，是人与机器之间的交流手段。而流程图却是给人看的，本质上是一种自然语言。

流程图可用于向他人解释你的编程思想、程序的原理及运行过程。如果你是在一个人编写程序，那么会不会流程图真的无所谓。但是对于软件行业的从业者来说，独立工作是不可能的事情。

在我初学计算机编程的时候，学生中有一个很有意思的现象——往往特别会编程的人，都不怎么会画流程图；而流程图画得好的，却不怎么会编程。

可见，会不会画流程图与会不会编程之间，并不具有正相关性。

但最终的结果你们应该能猜到，会流程图的可以当项目主管，而只会编程的只能当"码农"。

流程图还是有必要学会的，至少高考会考。而且无论你将来上大学、读研学什么专业、从事什么样的工作，绘制流程图都应该成为一种基本的能力。

下面先来看几个实例。

例 2.1 求绝对值

任务描述

在窗口中输出 " 请输入一个数： " 并输入一个数。

输出这个数的绝对值。程序代码如下：

Python

源程序

```python
a=float(input(' 请输入一个数:'))
if a<0:
    a=-a
print('|a|=',a,sep='')
```

程序注解

- if a<0：如果 a<0 成立，语句后应以"："结束。

a<0 称为"条件表达式"，如果条件成立，则表达式的值为真（记为 True 或 1），如果条件不成立，则值为假（记为 False 或 0）。

"<"称为"关系运算符"，在 Python 中共有 7 种关系运算符，如下表所示。

运算符	>	<	==	>=	<=	!= 或 <>
比较关系	大于	小于	等于	大于或等于	小于或等于	不等于

　　注意：判断两个量是否相等要用 ==，而不能用 =。前面已经讲过，= 是赋值运算符，不能用作量的比较，这一点要切记。

- 层次结构

条件结构的执行语句应该有统一的缩进尺寸。在 Python 中，语句的层次结构是依靠缩进尺寸来区分的。同一层次的语句缩进必须保持一致。

运行结果（粗斜体字为输入）

```
请输入一个数:-3
|a|=3.0
```

```
请输入一个数:4
|a|=4.0
```

C++

源程序

```cpp
#include <iostream>
using namespace std;

int main()
{
    float a;
    cout<<"请输入一个数:";
    cin>>a;
    if(a<0)
          a=-a;
    cout<<"|a|="<<a;
}
```

程序注解

- if(a<0):

a<0 为条件表达式（参见本例 Python 程序下的注解）。在 C/C++ 中，表达式为真，记为 True 或 1；为假记为 False 或 0。

C/C++ 中，共有 6 种关系运算符，除了没有 <>，其余与 Python 中的意义和用法相同。

- 层次结构

C/C++ 实例程序中也常见到语句缩进，但这不是必需的，只是为了让层次看起来更清晰、明确而已。C 语言也可以将多个语句写到同一行中，除了以 # 开头的预编译行、以 // 开头的注释行需要单独成行，你甚至可以将整个主函数写到一行中。

C/C++ 的层次结构是由大括号（{}）来确定的，同一层次的语句包含在同一个大括号（{}）中。如果大括号（{}）中只有一个语句，则大括号（{}）可省略。

运行结果（粗斜体字为输入）

```
请输入一个数：-3
|a|=3
```

```
请输入一个数：4
|a|=4
```

例 2.2 今天是星期几（1）

任务描述

在窗口中输出"今天是星期几？"并输入一个数。

如果是 1 ～ 5，输出"今天上学"，否则输出"今天休息"。

程序代码如下。

Python

源程序

```
a=int(input('今天是星期几？'))
if a>=1 and a<=5:
    print('今天上学')
else:
    print('今天休息')
```

程序注解

- a>=1 and a<=5:

and 在这里称为"逻辑与运算符"，此处代表如果前、后两个表达式均为真，则结果为真。

Python 中的逻辑运算符有 3 种，如下表所示。

运算符	名称	描述
and	逻辑"与"运算符	如果前后表达式均为真，则结果为真； 如果前后表达式任意一个为假，则为假
or	逻辑"或"运算符	如果前后表达式任意一个为真，则结果为真； 如果前后表达式均为假，则结果为假
not	逻辑"非"运算符	如果后面表达式为真，则结果为假； 如果后面表达式为假，则结果为真

运行结果（粗斜体字为输入）

```
今天是星期几? 4
今天上学
```

```
今天是星期几? 7
今天休息
```

C++

源程序

```cpp
#include <iostream>
using namespace std;

int main()
{
  int a;
  cout<<" 今天是星期几? ";
  cin>>a;
  if(a>=1&&a<=5)
        cout<<" 今天上学 ";
  else
        cout<<" 今天休息 " ;
}
```

程序注解

- a>=1&&a<=5:

&& 在这里称为"逻辑与运算符"，此处代表如果前、后两个表达式均为真，则结果为真。

C/C++ 中的逻辑运算符与 Python 相同，也有 3 种，只是写法不同，如下表所示。

运算符	名称	描述
&&	逻辑与运算符	如果前后表达式均为真，则结果为真； 如果前后表达式任意一个为假，则为假

运算符	名称	描述
||	逻辑或运算符	如果前后表达式任意一个为真，则结果为真； 如果前后表达式均为假，则结果为假
!	逻辑非运算符	如果后面表达式为真，则结果为假； 如果后面表达式为假，则结果为真

运行结果

与 Python 相同。

现在重新运行程序，如果输入的是 12，结果如何呢？

```
今天是星期几? 12
今天休息
```

这显然不符合题意。

现在改一下任务要求，如果输入数值超出 1 ~ 7，则输出"请输入 1 ~ 7"。

程序代码如下。

Python

源程序

```
a=int(input('今天是星期几? '))
if a>=1 and a<=5:
    print('今天上学')
elif a>=6 and a<=7:
    print('今天休息')
else:
    print('请输入1 ~ 7')
```

这里用到了 elif。

运行结果（粗斜体字为输入）

```
今天是星期几? 4
今天上学
```

```
今天是星期几? 7
今天休息
```

```
今天是星期几? 12
请输入 1 ~ 7
```

C++

源程序

```
#include <iostream>
```

```
using namespace std;

int main()
{
    int a;
    cout<<" 今天是星期几? ";
    cin>>a;
    if(a>=1&&a<=5)
            cout<<" 今天上学 ";
    else
            if(a>5&&a<8)
                    cout<<" 今天休息 ";
            else
                    cout<<" 请输入 1 ～ 7";
}
```

在 C/C++ 中没有 elif 语句，所以这里使用了一个嵌套选择结构。

运行结果

与 Python 相同。

本章要点

本章学习了 Python 和 C/C++ 中选择结构的基本用法，其使用方法对照如下表所示。

语言	语法		关系运算符							逻辑运算符		
			小于	大于	等于	小于等于	大于等于	不等于		与	或	非
Python	if	elif	<	>	==	<=	>=	!=	<>	and	or	not
C/C++	else									&&	||	!

练习 2　简单人机对话（2）

任务描述

在窗口中输出"请你在鱼、鸟和兽之间选择一样，并默记"

输出"请问它有羽毛吗？（y/n）"

输入 y 或 n。

如果输入的是 y，则输出"你选的是鸟。"

如果输入的是 n，则输出"那请问它有腮吗？（y/n）"

输入 y 或 n。

如果输入的是 y，则输出"你选的是鱼。"

如果输入的是 n，则输出"你选的是兽。"

如果输入的不是 y 或 n，则输出"请输入 y 或 n。"

语句提示

C++

因要求输入的 y 或 n 是字符，需要使用字符变量。

字符变量的定义和使用格式如下。

```
char c;
if(c=='y')……
```

详细说明可参考例 3.2 程序的注解。

第 3 章

分支（C/C++）

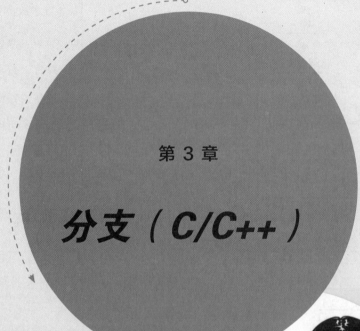

"分支"是 C/C++ 的一种语法结构，其典型流程及语法格式如下表所示。

流程图	执行内容	语法

一般用法	将表达式（或者变量）与 case 后的常量（可以是整型、浮点型、字符型）逐一比对，如果相等，则执行该 case 后面的相应过程，直到遇到第一个 break 跳出分支结构。如果表达式与所有 case 后的常量均不匹配，则执行 default 后的过程	switch(表达式)
		{
		case 数值 1: 过程 1
		  break;
		case 数值 2: 过程 2
		  break;
		case 数值 3: 过程 3
		  break;
		case 数值 4: 过程 4
		  break;
		default: 过程 5
		}
		……

特殊用法		switch(表达式)
		{
		case 数值 1:
		case 数值 2: 过程 1
		case 数值 3: 过程 2
		  break;
		case 数值 4: 过程 3
		case 数值 5: 过程 4
		  break;
		default: 过程 5
		}
		……

Python 中是没有分支结构。有传言未来的 Python 版本可能会增加这一结构，但未经证实。下面看 C/C++ 中的实例。

例 3.1　今天是星期几（2）（C/C++ 版）

任务描述

在窗口中输出"今天是星期几？"并输入一个数。

如果是 1、3、5，输出"今天吃米饭"；

如果是 2、4、6，输出"今天吃馒头"；

如果是 7，输出"今天吃面条"；如果是其他数值，输出"请输入 1 ～ 7"。

程序代码如下。

C++

源程序

```cpp
#include <iostream>
using namespace std;

int main()
{
  int a;
  cout<<" 今天是星期几? ";
  cin>>a;
  switch(a)                                  // 判断 a 的值
  {
      case 1:                                // 为 1
      case 3:                                // 为 3
      case 5:                                // 为 5
          cout<<" 今天吃米饭 ";
          break;
      case 2:                                // 为 2
      case 4:                                // 为 4
      case 6:                                // 为 6
          cout<<" 今天吃馒头 ";
          break;
      case 7:                                // 为 7
          cout<<" 今天吃面条 ";
          break;
      default:                               // 其他情况
          cout<<" 请输入 1 ～ 7";
  }
}
```

运行结果（粗斜体字为输入）

今天是星期几? **3**
今天吃米饭

今天是星期几? **4**
今天吃馒头

今天是星期几? **7**

今天吃面条

今天是星期几？ *12*
请输入 1 ～ 7

Python

Python 中没有分支结构。本例可以使用选择结构 if/elif/else 结合元组实现，见例 8.1。

例 3.2 对算式计算（1）（C/C++ 版）

任务描述

输入一个两个数的算式。

如果中间的数学符号为 +-*/ 中的一个，则对两个数进行相应的计算并输出计算结果。

如果为其他，则输出计算结果为 0。

程序代码如下。

C++

源程序

```cpp
#include <iostream>
using namespace std;

int main()
{
  float a,b,c;
  char d;
  cin>>a>>d>>b;
  switch(d)
  {
  case '+':
        c=a+b;
        break;
  case '-':
        c=a-b;
        break;
  case '*':
        c=a*b;
        break;
  case '/':
        c=a/b;
        break;
  default:
        c=0;
  }
  cout<<a<<d<<b<<"="<<c<<endl;
}
```

程序注解

- **char d：d 定义为字符型变量。**

在 C/C++ 中，字符型常量以字符外加单引号表示，如 'a'、'+'、'0' 等。注意，字符外的单引号（' '）不可省略。

字符可以转化为整型数，也可以与整型数直接运算。其值为字符的 ASCII 值。如 'a' 的值为 97，空格的值为 32，'0' 的值为 48，注意 '0' 不等于 0。

- **字符和字符串：**

在 C/C++ 中，字符串外加双引号（" "），如 "hello""123""a" 等，在 C/C++ 中，字符串不作为一种单独的数据类型，而是作为字符数组来管理（详见第 7 章）。

注意区分 'a' 与 "a"。'a' 是一个字符变量，而 "a" 是一个包含一个字符的字符串，两者不能混用。

- **cout<<endl：输出一个换行符。**

endl 也可以写成 '\n'。

C 语言中很多键盘无法直接输入（表示）的字符都使用这种方法表示，如 '\r' 表示回车、'\t' 表示 Tab、'\0' 表示 ASCII 值为 0 的字符。

Python 也这样表示。

如果想输出一个反斜杠（\）呢？对了，与前面的百分号（%）一样，写成双反斜杠（\\）就可以输出单反斜杠（\）了。

如 cout<<"c:\\windows"，输出窗口中显示的是 c:\windows。

运行结果（粗斜体字为输入）

```
25+34
25+34=59
```

```
12*27
12*27=324
```

Python

Python 只能一次性读入整行字符串，并不能像 C/C++ 那样，在一行中读入多个数据。对于此例需要使用选择结构结合字符串操作，见例 8.3。

本章要点

- 本章学习了 C/C++ 中分支结构的基本用法，其语法关键字如下表所示。

语言	语法关键字
C/C++	switch、case、break、default

● 注意 C/C++ 中字符和字符串的关系。

练习 3　今天是星期几（3）

将例 2.2 今天是星期几（1），改写为分支语句的格式。

第 4 章

循环

"循环"是计算机语言中的基本语法结构，其典型流程及语法格式如下表所示。

	流程图	执行内容	语法	
			Python	C/C++

while 循环		如果满足条件表达式，则反复执行过程 1，否则结束循环，执行过程 2	……
			while 条件表达式：
			　过程 1
			else
			　过程 2
			……
				……
				while(条件表达式)
				{
				　过程 1
				}
				……

do while 循环		先执行过程 1，如果满足条件表达式，则反复执行过程 1，否则结束循环	Python 无此语法结构	……
				do
				{
				　过程 1
				}
				while(条件表达式)
				……

for 循环		计数变量在设定范围内，反复执行过程 1，否则结束循环，执行过程 2	for 变量 in 范围：
			　过程 1
			else
			　过程 2
			……
				for(变量设初值
				条件表达式
				计数增加)
				{
				　过程 1
				}
				……

在循环结构中，可以使用 break 和 continue 关键字。

break 表示跳出循环结构；continue 则表示结束本次循环，继续下一次循环。

在 Python 中可以使用 else 语句，在循环正常结束，即首次出现条件表达式为假时调用。这一语句只有在和 break 结合使用时才有意义（见例 4.6）。

下面看实例。

例 4.1　今天是星期几（4）

任务描述

使例 3.1 能够循环进行，当输入为 0 时循环结束。

本例先使用 while 循环，程序代码如下。

Python

源程序

```
a=1                                # 设置 a 初始值
while a:                           # 当 a 非 0 时执行循环
    a=int(input(' 今天是星期几? '))
    if a>=1 and a<=5:
        print(' 今天上学 ')
    elif a>=6 and a<=7:
        print(' 今天休息 ')
    else:
        print(' 请输入 1 ～ 7')
```

程序注解

● a=1:

在本例中，将输入值作为循环结束的条件。而在进入循环的时候，还没有输入，所以需要先给输入变量赋一个非 0 的初始值（数值任意）。

● while a: 此处相当于 while a!=0。

前面讲过，条件表达式的值只可能为真或假（1 或 0），这种数据类型称为"布尔型"（或称逻辑型）。布尔型数据和整型数据是可以相互转换的，转换的规则是，0 为假，所有非 0 的数值（包括负数）为真。

所以，在 if、while 等关键字后面以一般表达式或变量代替条件表达式都是可行的。

运行结果（粗斜体字为输入）

```
今天是星期几? 4
今天上学
今天是星期几? 7
今天休息
今天是星期几? 12
请输入 1 ～ 7
今天是星期几? 0
请输入 1 ～ 7
```

C++

源程序

```cpp
#include <iostream>
using namespace std;

int main()
{
  int a=1;                              // 设置初始值
  while(a)                              // 当 a 非 0 时执行循环
  {
        cout<<" 今天是星期几? ";
        cin>>a;
        if(a>=1&&a<=5)
                cout<<" 今天上学 "<<endl;
        else
                if(a>5&&a<8)
                        cout<<" 今天休息 "<<endl;
                else
                        cout<<" 请输入 1 ~ 7"<<endl;
  }
}
```

程序注解

- int a=1:

先给输入变量赋一个非 0 的初始值（参见本例 Python 程序注解）。

- while(a): **此处相当于** while(a!=0)。

参见本例 Python 程序注解。

运行结果

与 Python 相同。

例 4.2　对算式计算（2）

任务描述

使例 3.2 能够循环进行。当输入的算式运算符处为 'a' 时，循环结束。

本例使用 do while 循环，程序代码如下。

C++

源程序

```cpp
#include <iostream>
using namespace std;

int main()
{
  float a,b,c;
  char d;
  do
  {
        cin>>a>>d>>b;
        switch(d)
        {
        case'+':
              c=a+b;break;
        case'-':
              c=a-b;break;
        case'*':
            c=a*b;break;
        case'/':
              c=a/b;break;
        default:c=0;
        }
        cout<<a<<d<<b<<"="<<c<<endl;
  }
  while (d!='a');
}
```

本例使用 do while 循环，因为是先行输入 d 值再进行条件判断，故不用赋初始值。

运行结果（粗斜体字为输入）

```
6+78
6+78=84
-3-5
-3-5=-8
9*7
9*7=63
15/23
15/23=0.652174
0a0
0a0=0
```

Python

Python 中没有 do while 循环及分支结构。本例可以使用选择结构结合元组实现，见例 8.3。

例 4.3   从 1 加到 1000

任务描述

计算从 1 累加到 1000 的自然数总和。

本例使用 for 循环，程序代码如下。

Python

源程序

```
a=0                              #设置变量a代表总和，初始值为0
for i in range(1,1001):          #i从1到1000循环取值
    a+=i                         #a值每次增加i
print(a)
```

程序注解

- for i in range(1,1001)：表示 i 的循环取值范围为 1 ~ 1000。

range(10) 表示范围从 0 到 9。

range(1,10) 表示范围从 1 到 9。

range(1,10,2) 表示范围从 1 到 9，间隔为 2，也就是 1、3、5、7、9。

运行结果

```
500500
```

C++

源程序

```
#include <iostream>
using namespace std;

int main()
{
    int a;                       // 定义整型变量a代表总和
    a=0;                         // 设置a初始值为0
    for(int i=1;i<=1000;i++)     //i从1到1000循环取值，每次增加1
         a+=i;                   //a值每次增加i
    cout<<a;
}
```

程序注解

- for(int i=1;i<=1000;i++)：表示 i 的循环取值范围为 1 ~ 1000。

C/C++ 的 for 循环格式为：for(表达式 1; 条件表达式 2; 表达式 3){ 循环内容 }。其中：

- 表达式 1 仅执行一次，一般用于设置循环计数变量的初始值。
- 条件表达式 2 用于判断循环的条件，为真则循环继续执行，为假则循环结束。
- 表达式 3 在本次循环结束时执行，一般用于增加循环计数。

int i=1：在循环中定义局部变量，该局部变量仅在循环中有效。

运行结果

与 Python 相同。

例 4.4　等差数列求和

任务描述

输入一个等差数列的首项、末项和公差，输出等差数列的和。

程序代码如下。

Python

源程序

```python
a=int(input('首项:'))
b=int(input('末项:'))
c=int(input('公差:'))
d=0
for i in range(a,b+1,c):
    d+=i
print('和:',d)
```

运行结果（粗斜体字为输入）

```
首项:20
末项:320
公差:10
和:5270
```

C++

源程序

```cpp
#include <iostream>
using namespace std;

int main()
```

```
{
    int a,b,c,d;
    cout<<" 首项 :";
    cin>>a;
    cout<<" 末项 :";
    cin>>b;
    cout<<" 公差 :";
    cin>>c;
    d=0;
    for(int i=a;i<=b;i+=c)
            d+=i;
    cout<<" 和 :"<<d;
}
```

运行结果

与 Python 相同。

例 4.5　求 π（1）

任务描述

使用莱布尼茨公式来计算 π 值。

$$\frac{\pi}{4} = 1 - \frac{1}{3} + \frac{1}{5} - \frac{1}{7} + \frac{1}{9} - \frac{1}{11} + \cdots$$

大家听说过莱布尼茨吗？他是一位与牛顿齐名的大科学家，他们曾为争夺微积分的发明权而不死不休，莱布尼茨最有名的法宝是他的树叶。

这个故事是这样的。有一次莱布尼茨到一位贵族家做客，他向主人提出了一个论断："世界上没有两片树叶是完全相同的。"

主人十分配合，当即让仆人到花园里找找看，有没有两片一样的树叶。结果当然是如我们伟大的客人所说，证明他的论断是正确的。

这个故事被莱布尼茨记述在自己的著作中，肯定比牛顿的苹果、瓦特的水壶要可信得多，至少与伽利略的铁球和薛定谔的猫相当。

算法分析

首先，莱布尼茨公式的收敛是很慢的。就是说，需要用很多次循环才能得到比较接近 π 的值。

这里先设置为循环 100 万次，i 值取 1、3、5、7……，间隔为 2。

第 3、7、11……项为负，其共同特点为 i%4=3，其他项为正（此处的 % 称为取模运算符。a%b

表示 a 除以 b 的余数）。

计算机的浮点运算精度其实是有限的，循环的次数越多，累计的误差就越大。使用计算机通过莱布尼茨公式进行 π 的计算，很难得到十分精确的结果。

程序代码如下。

Python

源程序

```
a=0.0
for i in range(1,1000001,2):
    if i%4==3:
        a-=1.0/i
    else:
        a+=1.0/i
print(a*4)
```

运行结果

```
3.141590653589692
```

C++

源程序

```cpp
#include <iostream>
using namespace std;

int main()
{
  float a;
  int i;
  a=0;
  for(i=1;i<=1000000;i+=2)
  {
        if(i%4==3)
                a-=1.0/i;
        else
                a+=1.0/i;
  }
  cout<<a*4;
  return 0;
}
```

运行结果

```
3.14159
```

例 4.6　鸡兔同笼

任务描述

输入鸡和兔的总只数和总脚数，计算鸡和兔分别有几只。

算法分析

鸡兔同笼是趣味数学中的一个经典问题，大家还记得是怎么求解的吗？当然不能用方程。

有一个综艺节目中的嘉宾是这样描述他的算术解法的：让兔子都站起来，那么，每只兔子的后腿便和鸡的爪子一样多。从总头数就可以算出这时的总脚数，那么，多出来的脚数一定是兔子的前腿，用它除以 2，便得到"兔数"，用总只数去减，便得到"鸡数"。

我们当然也可以把这几步写进程序，不过本例不打算这么做。既然已经上了计算机，我们就来一次暴力求解，逐个试验。

输入"只数"赋予变量 a，输入脚数赋予变量 b。

设 i 为"鸡数"，则"兔数"为 a-i。

以 i 为计数器，从 0 开始，到 a 结束，逐个计算相应的脚数，判断是否与 b 相等。如相等，提前结束循环，输出"鸡数"和"兔数"。

如果直到循环结束仍未出现两者相等，则输出"无解"。

程序代码如下。

Python

源程序

```
a=int(input('只数:'))                    # 输入只数
b=int(input('脚数:'))                    # 输入脚数
for i in range(0,a+1):                   #i 在 0 到 a 间取值
    if (a-i)*4+2*i==b:                   # 如果 i 只鸡和 a-i 只兔的脚数等于 b
        print('鸡数:',i," 兔数:",a-i)     # 输出结果
        break                            # 提前结束循环
else:                                    # 否则
    print(' 无解 ')                      # 输出无解
```

运行结果（粗斜体字为输入）

```
头数:23
脚数:52
鸡数:20 兔数:3
```

```
头数:27
脚数:50
无解
```

C++

源程序

```cpp
#include <iostream>
using namespace std;

int main()
{
    int a,b,i;
    cout<<" 只数 :";
    cin>>a;                                  // 输入只数
    cout<<" 脚数 :";
    cin>>b;                                  // 输入脚数
    for(i=0;i<=a+1;i++)                      // i 在 0 到 a 间取值
    {
        if((a-i)*4+2*i==b)                   // 如果 i 只鸡和 a-i 只兔的脚数等于 b
            break;                           // 提前结束循环
    }
    if(i>a)                                  // 如果 i>a
        cout<<" 无解 ";                      // 输出无解
    else                                     // 否则
        cout<<" 鸡数 :"<<c<<" 兔数 :"<<a-c;   // 输出结果
}
```

因为 C/C++ 中没有 for else 语句，故在循环结束之后，再加一个 if else 语句进行处理。

运行结果

与 Python 相同。

本章要点

● 本章学习了 Python 和 C/C++ 中循环结构的基本用法，其语法关键字如下表所示。

语言	语法关键字				
Python	for else	while else		break	continue
C/C++	for	while	do while		

● C/C++ 中，循环中定义的局部变量仅在循环中有效。

练习 4　求 π (2)

任务描述

使用梅钦公式的一种变形形式来计算 π 值。

$$\frac{\pi}{4} = \left(\frac{1}{2} + \frac{1}{3}\right) - \frac{1}{3}\left(\frac{1}{2^3} + \frac{1}{3^3}\right) + \frac{1}{5}\left(\frac{1}{2^5} + \frac{1}{3^5}\right) - \cdots$$

该公式的收敛速度远大于莱布尼茨公式，循环 100 次足矣，而且结果要比莱布尼茨公式精确得多。

语句提示

Python

Python 中，m^n 的语句格式为 m**n。

C++

C/C++ 中，m^n 需要用一个函数来实现，写作 pow(m,n)。这是一个数学函数，需要在程序开头加入如下语句。

```
#include <math.h>
```

第 5 章

嵌套循环

本章学习嵌套循环的用法，先来看看典型实例。

例 5.1　九九乘法表（1）

任务描述

输出乘法"九九表"。

程序代码如下。

Python

源程序

```
for i in range(1,10):
    for j in range(1,10):
        print(i,'*',j,'=',i*j,' ',sep='',end='')
    print('')
```

程序注解

- print(end=' '): print函数默认在结尾会换行，如果不想换行，则将结尾设为空字符串' '。
- print(' '): 输出一个空字符串，目的是使用默认的换行。

运行结果

```
1*1=1 1*2=2 1*3=3 1*4=4 1*5=5 1*6=6 1*7=7 1*8=8 1*9=9
2*1=2 2*2=4 2*3=6 2*4=8 2*5=10 2*6=12 2*7=14 2*8=16 2*9=18
3*1=3 3*2=6 3*3=9 3*4=12 3*5=15 3*6=18 3*7=21 3*8=24 3*9=27
4*1=4 4*2=8 4*3=12 4*4=16 4*5=20 4*6=24 4*7=28 4*8=32 4*9=36
5*1=5 5*2=10 5*3=15 5*4=20 5*5=25 5*6=30 5*7=35 5*8=40 5*9=45
6*1=6 6*2=12 6*3=18 6*4=24 6*5=30 6*6=36 6*7=42 6*8=48 6*9=54
7*1=7 7*2=14 7*3=21 7*4=28 7*5=35 7*6=42 7*7=49 7*8=56 7*9=63
8*1=8 8*2=16 8*3=24 8*4=32 8*5=40 8*6=48 8*7=56 8*8=64 8*9=72
9*1=9 9*2=18 9*3=27 9*4=36 9*5=45 9*6=54 9*7=63 9*8=72 9*9=81
```

C++

源程序

```
#include <iostream>
#include <iomanip>
using namespace std;

int main()
{
    int a,b;
```

```
    for(b=1;b<=9;b++)
    {
            for(a=1;a<=9;a++)
                    cout<<a<<"*"<<b<<"="<<a*b<<" ";
            cout<<endl;
    }
}
```

运行结果

与 Python 相同。

可以看到，输出结果并没有对齐。可以在输出函数参数中加入输出宽度格式符。

Python

```
print(i,'*',j,'=','%2d'%(i*j),' ',sep='',end='')
```

C++

```
cout<<a<<"*"<<b<<"="<<setw(2)<<a*b<<" ";
```

运行结果

```
1*1= 1 1*2= 2 1*3= 3 1*4= 4 1*5= 5 1*6= 6 1*7= 7 1*8= 8 1*9= 9
2*1= 2 2*2= 4 2*3= 6 2*4= 8 2*5=10 2*6=12 2*7=14 2*8=16 2*9=18
3*1= 3 3*2= 6 3*3= 9 3*4=12 3*5=15 3*6=18 3*7=21 3*8=24 3*9=27
4*1= 4 4*2= 8 4*3=12 4*4=16 4*5=20 4*6=24 4*7=28 4*8=32 4*9=36
5*1= 5 5*2=10 5*3=15 5*4=20 5*5=25 5*6=30 5*7=35 5*8=40 5*9=45
6*1= 6 6*2=12 6*3=18 6*4=24 6*5=30 6*6=36 6*7=42 6*8=48 6*9=54
7*1= 7 7*2=14 7*3=21 7*4=28 7*5=35 7*6=42 7*7=49 7*8=56 7*9=63
8*1= 8 8*2=16 8*3=24 8*4=32 8*5=40 8*6=48 8*7=56 8*8=64 8*9=72
9*1= 9 9*2=18 9*3=27 9*4=36 9*5=45 9*6=54 9*7=63 9*8=72 9*9=81
```

例 5.2 九九乘法表（2）

任务描述

我们小时候背过的"九九表"通常只有上述结果的下半部，我们可以将内循环的范围 $1 \sim 9$ 改为 $1 \sim i$。程序代码如下。

Python

源程序

```
for i in range(1,10):
    for j in range(1,i+1):
        print(i,'*',j,'=','%2d'%(i*j),' ',sep='',end='')
```

```
        print('')
```

运行结果

```
1*1= 1
2*1= 2  2*2= 4
3*1= 3  3*2= 6  3*3= 9
4*1= 4  4*2= 8  4*3=12  4*4=16
5*1= 5  5*2=10  5*3=15  5*4=20  5*5=25
6*1= 6  6*2=12  6*3=18  6*4=24  6*5=30  6*6=36
7*1= 7  7*2=14  7*3=21  7*4=28  7*5=35  7*6=42  7*7=49
8*1= 8  8*2=16  8*3=24  8*4=32  8*5=40  8*6=48  8*7=56  8*8=64
9*1= 9  9*2=18  9*3=27  9*4=36  9*5=45  9*6=54  9*7=63  9*8=72  9*9=81
```

C++

源程序

```cpp
#include <iostream>
#include <iomanip>
using namespace std;

int main()
{
  int a,b;
  for(b=1;b<=9;b++)
  {
        for(a=1;a<=b;a++)
                cout<<a<<"*"<<b<<"="<<setw(2)<<a*b<<" ";
        cout<<endl;
  }
}
```

运行结果

与 Python 相同。

本章要点

- 注意变循环范围的用法。

练习5 输出三角形阵列

任务描述

在窗口中输出如下页所示的三角形阵列。

```
1
1 2 1
1 2 3 2 1
1 2 3 4 3 2 1
1 2 3 2 1
1 2 1
1
```

第 6 章

数组（C/C++）

数组用来表示一组同一类型数据的顺序变量，可以是整型数组、浮点型数组或字符型数组，也可以是其他数据类型数组。

数组的定义采用如下格式。

```
int a[10];
```

以上代码表示定义整型数组 a，其中包含 10 个整型变量。

在语句中引用时，a[n] 代表该数组中下标为 n 的元素。n 称为数组下标，此处的取值范围为 0 ~ 9。

　　注意：数组首项是 a[0]，而不是 a[1]；末项是 a[9]，而不是 a[10]。

Python 中没有数组，但是有元组、列表、字典等更为复杂的数据类型（见第 8 章）。

下面看具体的实例。

例 6.1　排序（C/C++ 版）

任务描述

输入 5 个整数，将它们按从小到大的顺序输出。

算法分析

设想一下你在上体育课，老师让你当小组长，并分配给你 5 个组员，由你安排他们按身高排队，你该怎么办呢？

你可以吼一嗓子："集合！按身高从低到高排队！"

也许你比较有威信，并且他们也达成了排队的默契，乖乖地自动排好。这当然是最理想的。

Python 的列表中就内建了这样的函数，可以实现排队的功能（参见例 8.2）。

但如果他们根本就不听你的，或者他们虽然想听你的口令，却无法确定自己的身高排位呢？这时就必须由你来安排了。

好吧！现在假设 5 个同学已经排成一列横队（但不是按身高排的），你现在先比较第一个同学和第二个同学的身高，如果第一个同学比第二个同学高，则两人交换位置，否则位置不变，然后再比较第一个同学和第三个同学的身高。重复上述过程，直到第五个同学，则第一个同学为身高最低者。

现在再比较第二个同学和第三个同学的身高。重复上述过程，选出身高第二低的同学。

重复上述过程，直至排队结束。

理解了吗？好，我们来看程序。

程序代码如下。

C++

源程序

```
#include <iostream>
using namespace std;

int main()
{
    int a[5],i,b,j;
    cout<<" 请输入 5 个整数: ";
    for(i=0;i<5;i++)                    // 输入 5 个整数
            cin>>a[i];
    for(i=0;i<4;i++)                    // 外循环，i 取值 1 ～ 4
            for(j=i+1;j<5;j++)          // 内循环，j 取值 i+1 ～ 5
                    if(a[i]>a[j])       // 如果 a[i]>a[j]
                    {
                            b=a[i];     // 交换 a[i] 与 a[j] 的值
                            a[i]=a[j];
                            a[j]=b;
                    };
    for(i=0;i<5;i++)                    // 输出 5 个整数
            cout<<a[i]<<" ";
}
```

程序注解

● b=a[i];b=a[i];a[j]=b; 交换 a[i] 与 a[j] 的值。

大多数计算机语言在交换两个变量的值时，都需要借助第三个变量（Python 除外）。就像有两个容器，一个装米，一个装面，你想把两个容器中的物品互换一下，必须借助第三个容器。

设两个需要互换数值的变量为 x、y，借助的第三变量为 q，则采用以下的语法。

q=x;x=y;y=q; 或者 q=y;y=x;x=q;

记住这条语句的写法了吗？从第三变量开始，首尾相接，一个接一个赋值即可。

运行结果（粗斜体字为输入）

```
45 52 24 33 77
24 33 45 52 77
```

Python

Python 中可以通过列表的排序功能直接实现，见例 8.2。

本章要点

- 注意数组下标的范围，首项下标为 0。
- 在 C/C++ 中，交换两个变量值的方法。

练习 6　输出杨辉三角形（1）

任务描述

在窗口中输出如下三角形阵列（至第 7 行）。

1

1 1

1 2 1

1 3 3 1

1 4 6 4 1

1 5 10 10 5 1

1 6 15 20 15 6 1

杨辉三角形有如下规律。

第 i 行有 i 项。

第 i 行第 j 项等于第 i-1 行第 j 项与第 j-1 项的和。

本题可以使用二维数组来实现，但有些小题大做。大家思考一下，如何用一维数组来实现。

第 7 章

字符串

在 Python 和 C/C++ 中，字符串按不同的数据类型来管理。

Python 中，字符串作为一种数据类型，单独的字符被认为是长度为 1 的字符串。字符串中可以追加字符，但其中的字符不可改写。

C/C++ 中，字符串不是一种单独的数据类型，而是作为字符数组来管理的。字符串中的每个字符都可以改写。

下面先看一个实例。

例 7.1　密码 (1)

任务描述

输入一个长度不超过 10 个字符的字符串。

如果其中包含字母，则大小写相互转换。

如果其中包含数字，则转换为 9 减去该数值的值。

输出转换结果中，如果原始字符串中出现其他字符，则输出"不符合规则"。

程序代码如下。

Python

源程序

```
s=input('请输入由字母和数字组成的，不超过10位的密码：')
if s.isalnum():                         #如果输入字符串 s 只包含字母和数字
    a=''                                #建立一个空字符串 a
    for i in range(0,len(s)):           #建立循环，i 取值范围为 (0～s 字符串长度减1)
        if s[i].islower():              #如果 s 第 i 个字符为小写字母
            a+=s[i].upper()             #将 a 增加一个对应的大写字母
        elif s[i].isupper():            #如果 s 第 i 个字符为大写字母
            a+=s[i].lower()             #将 a 增加一个对应的小写字母
        else:
            a+=str(9-int(s[i]))         #将 a 增加 9 减 s 第 i 个字符对应的数字
else:
    a='不符合规则'
print(a)
```

程序注解

● a='':

因为 Python 中的字符串不可修改，我们无法替换字符串 s 中的字母，所以就另建一个字符串 a 用于输出。

● s.isalnum()：字符串方法，用于判断字符串 s 是否只包含字母和数字。

函数和方法

这种写法很像函数，不过它前面有一个字符串变量。在 C++ 语法中也有类似的写法（参见第 15 章），称为"类函数"。但在 Python 中，它一般被称为"方法"。

关于函数（function）与方法（method）的称呼，是语言开发者最初的习惯造成的，并没有严格规定。

- s[i].islower()：字符串方法，用于判断字符 s[i] 是否为小写字母。

与 C 语言中的表示方法相似，s[i] 表示字符串中索引号为 i 的字符，同样以 0 为首项，字符串长度减 1 为末项。

与 C 语言不同，Python 中索引号可以为负。s[-1] 表示字符串 s 最末的字符，s[-2] 表示倒数第二个字符，以此类推。

- s[i].isupper()：字符串方法，用于判断字符 s[i] 是否为大写字母。
- a+=s[i].lower()：字符串方法，返回 s[i] 对应的小写字母，并将其追加到字符串 a 的尾部。
- s[i].upper()：字符串方法，返回 s[i] 对应的大写字母。

运行结果（粗斜体字为输入）

请输入由字母和数字组成，不超过 10 位的密码：***Dfgh234***
dFGH765

请输入由字母和数字组成，不超过 10 位的密码：***afgh<890***
不符合规则

C++

源程序

```cpp
#include <iostream>
using namespace std;

int main()
{
  char a[11];                              // 定义字符数组
  int b=0;                                 // 设置标识为 0
  cout<<" 请输入由字母和数字组成，不超过 10 位的密码: ";
  cin>>a;
  for(int i=0;a[i];i++)                    // 建立循环，当字符为 '\0' 时结束
  {
        if(a[i]>=65&&a[i]<=90)             // 如果 a 第 i 个字符为大写字母
             a[i]+=32;                     // 将其变为小写字母
        else
```

```
                    if(a[i]>=97&&a[i]<=122)          // 如果 a 第 i 个字符为小写字母
                            a[i]-=32;                // 将其变为大写字母
                    else
                            if(a[i]>=48&&a[i]<=57)   // 如果 a 第 i 个字符为数字
                                    a[i]=105-a[i];   // 将其变为 9 减相应数字
                            else
                                    b=1;             // 其他情况设置标识为 1
        }
        if(b)                                        // 如果标识为 1
                cout<<" 不符合规则 ";
        else
                cout<<a;
}
```

程序注解

- char a[11]: 定义有 11 个元素的字符数组, 用于存储长度不大于 10 个字符的字符串。

在 C 语言中, 经常使用一个固定长度的字符数组来存储不同长度的字符串, 那么, 就需要设置一个结束符来标记字符串的结束。所以, 为存储定义的字符数组必须比字符串长度多一个字符。

- int b=0: 设立一个标识, 预设为 0。如果任意字符不符合题目要求, 则设其为 1。
- cin>>a:

C/C++ 中, 数组名代表数组首地址(详见第 12 章), 字符串可使用首地址一次性输入。

- for(i=0;a[i];i++): i 从 0 到字符串结束。

C 语言中的字符串以 '\0'(ASCII 码为 0 的字符)作为结束符, 因此, 可以以 a[i] 是否为 0 来判断字符串是否结束。

- if(a[i]>=65&&a[i]<=90): 如果 a 第 i 个字符为大写字母。

大写字母 A ～ Z 的 ASCII 码范围为 65 ～ 90, 小写字母 a ～ z 的 ASCII 码范围为 97 ～ 122, 数字 0 ～ 9 的 ASCII 码范围为 48 ～ 57。

运行结果

与 Python 相同。

本章要点

- 在 Python 和 C/C++ 中，字符串按不同的数据类型管理，如下表所示。

语言	数据类型	特性
Python	字符串	字符串中的字符可以追加，但不可改写
C/C++	字符数组	字符串中的字符可以改写

- C/C++ 中，数组名代表数组首地址。

练习 7　密码（2）

任务描述

输入一个长度不超过 20 个字符的字符串。

如果其中包含 A～V 的大写字母，将其字符顺序增加 4。如 A 变为 E，V 变为 Z。

如果是 W～Z 的大写字母，将其变为 A～D。

其他字符不变。

语句提示

Python

ord(c)：将字符 c 转换为 ASCII 代码。

chr(a)：将整数 a 转换为 ASCII 代码对应的字符。

第 8 章

元组和列表
（Python）

本章学习 Python 中的两种特殊数据类型——元组和列表。

元组和列表都是一系列数据的组合。与 C/C++ 中的数组不同，这一系列数据不必是同一种类型，可以是整型、字符型或其他类型。

例如可以这样赋值一个元组：

```
t=(10,3.4,'abc')
```

或者赋值一个列表：

```
l=[10,3.4,'abc']
```

当元组或列表中只有"10"一个元素时，要用 (10,) 或 [10,] 表示。以免与 ( ) 及 [ ] 的其他含义混淆。

元组中的元素不可修改，而列表中的元素可以。

与字符串数据类型类似，a[n] 代表元组（或列表）a 中的索引为 n 的元素。n 的取值同样从 0 开始。

此外，Python 中还有另外两种较为复杂的数据结构——字典与集合，有兴趣的同学可以参看本书附录 A。

下面请看实例。

例 8.1　今天是星期几（2）（Python 版）

任务描述同例 3.1

在窗口中输出"今天是星期几？"并输入一个数。

如果是 1、3、5，输出"今天吃米饭"；

如果是 2、4、6，输出"今天吃馒头"；

如果是 7，输出"今天吃面条"，其他输出"请输入 1 ～ 7"。

程序代码如下。

Python

源程序

```python
a=int(input('今天是星期几？'))
if a in (1,3,5):
    print('今天吃米饭')
elif a in (2,4,6):
    print('今天吃馒头')
elif a==7:
    print('今天吃面条')
else:
    print('请输入 1 ～ 7')
```

程序注解

if a in (1,3,5)：如果 a 在 1、3、5 中。

这里用到了元组 (1,3,5) 和 (2,4,6) 来确定两组数据集合。

运行结果

与例 3.1 相同（粗斜体字为输入）

今天是星期几? *3*
今天吃米饭

今天是星期几? *4*
今天吃馒头

今天是星期几? *7*
今天吃面条

今天是星期几? *12*
请输入 1 ~ 7

C++

见例 3.1。

例 8.2   排序（Python 版）

任务描述同例 6.1

输入 5 个整数，将它们按从小到大的顺序输出。

在例 6.1 的算法分析中我们提到，Python 的列表数据类型中内建了排序的方法，现在就用它来完成本例。

程序代码如下。

Python

源程序

```
s=input('请输入 5 个整数 ')        # 将包含 5 个整数（以空格间隔）的字符串赋值给 s
ss=s.split(' ')                    # 将字符串 s 分解为元组 ss
a=[]                               # 建立一个空列表 a
for i in range(0,5):
    a.append(int(ss[i]))          # 将元组 ss 中的元素逐个转换成整数，并添加到列表 a 中
a.sort()                           # 将列表 a 中的元素排序
for i in range(0,5):
    print(a[i],end=' ')            # 输出列表 a 中的元素
```

程序注解

- ss=s.split(' ')：将字符串 s 以空格为间隔进行分解，并将结果赋值给 ss。

s.split(' ') 的返回值是一个元组，其中以字符串形式保存分隔开的 5 个数据。

- a=[]：

因为元组不可修改，所以这里需要建立一个新的列表来复制元组中的元素。

- a.append(int(ss[i]))：将元组 ss 中的元素逐个转换成整数，并添加到列表 a 中。

- a.sort()：列表的排序方法，将列表中的数据从小至大排序。

运行结果

与例 6.1 相同（粗斜体字为输入）。

```
45 52 24 33 77
24 33 45 52 77
```

C++

见例 6.1。

例 8.3 对算式计算（1）（Python 版）

任务描述同例 3.2

输入一个两个数的算式。

如果中间的数学符号为 + − * / 中的一个，则对两个数进行相应的计算并输出计算结果。

如果为其他，则输出计算结果为 0。

程序代码如下。

Python

源程序

```
a=input()                              # 输入一个算式赋值给 a
if len(a.split('+'))==2:               # 如果以 '+' 分隔 a 所生成的元组长度为 2
    b=a.split('+')                     # 将所生成的元组赋值给 b
    c=float(b[0])+float(b[1])          # 将元组中两个元素转换成浮点数并相加
elif len(a.split('-'))==2:
    b=a.split('-')
    c=float(b[0])-float(b[1])
elif len(a.split('*'))==2:
    b=a.split('*')
    c=float(b[0])*float(b[1])
```

```
elif len(a.split('/'))==2:
    b=a.split('/')
    c=float(b[0])/float(b[1])
else:
    c=' 不符合要求 '
print(a,'=',c)
```

程序注解

● len 函数：用于求取字符串（元组、列表等）的长度（或元素个数）。

运行结果

与例 3.2 相同（粗斜体字为输入）。

```
25+34
25+34 = 59.0
```

```
12*27
12*27 = 324.0
```

```
45a89
45a89 = 不符合要求
```

C++

见例 3.2。

例 8.4　对算式计算（2）（Python 版）

任务描述同例 4.2

使例 8.3 能够循环进行。当输入的算式运算符处为 'a' 时循环结束。

程序代码如下。

Python

源程序

```
c=0
while c!=' 不符合要求 ':
    a=input()
    if len(a.split('+'))==2:
        b=a.split('+')
        c=float(b[0])+float(b[1])
    elif len(a.split('-'))==2:
        b=a.split('-')
        c=float(b[0])-float(b[1])
    elif len(a.split('*'))==2:
```

```
        b=a.split('*')
        c=float(b[0])*float(b[1])
    elif len(a.split('/'))==2:
        b=a.split('/')
        c=float(b[0])/float(b[1])
    else:
        c='不符合要求'
print(a,'=',c)
```

运行结果（粗斜体字为输入）

```
6+78
6+78 = 84.0
-3-5
3-5 =-2.0
9*7
9*7 = 63
15/23
15/23 = 0.6521739130434783
0a0
0a0 = 不符合要求
```

C++

见例 4.2。

本章要点

● 注意元组和列表的主要区别和使用场合。

练习8 输出杨辉三角形（2）

使用 Python 完成练习 6。

第 9 章

绘制图形

本章将学习如何使用 Python 和 C/C++ 绘制图形。从本章开始将两种语言顺序调换一下，先介绍 C/C++ 中的用法，再介绍 Python 中的用法。

C/C++ 标准库中包含大量绘图函数，但都是基于 Windows 编程的，而 Windows 编程本身涉及操作系统的复杂运行模式和原理。对于初学者来说，可能难以掌握。不过，我们可以先通过一种第三方软件 EGE（Easy Graphisc Engine）图形包来学习 C/C++ 的图形绘制。

EGE 不在 C/C++ 标准库中，无论是 Dev C++ 还是 VS 中都不包含 EGE，需要单独下载。其官方网站网址为：https://xege.org/。

● **EGE 在 Dev C++ 下的安装与使用（可以参考 EGE 官网和安装包中的说明）**

先将安装包中的包含文件（include 文件夹下全部文件）与库文件（在 lib\mingw4.8.1\lib 文件夹中）分别复制到 Dev C++ 中的 MinGW64\include 和 MinGW64\lib32 文件夹中，这两个文件夹应确保在 Dev C++ 的编译器目录中。

可以执行"工具"→"编译选项"命令，在"库""C 包含文件"和"C++ 包含文件"选项卡中查看这两个文件夹是否已列入，如图 9-1 和图 9-2 所示。

图 9-1

图 9-2

如果没有列入，可以将这两个文件夹添加进去，或者将 EGE 的包含文件和库文件复制到已列入的文件夹中。

在 Dev C++ 中使用 EGE，必须像 VS 一样先建立一个项目。

执行"文件"→"新建"→"项目"命令，弹出"新项目"对话框，如图 9-3 所示。

图 9-3

选择 Basic 选项卡中的 Console Application 选项，在"名称"文本框中输入项目名，单击"确定"按钮。

建立项目后，还需要在项目属性中加入相应的参数，这样才可以使用 EGE。

执行"项目"→"项目属性"命令，弹出"项目选项"对话框，在"参数"选项卡中，设置"链接"选项。

在"链接"文本框中，加入如下参数，如图 9-4 所示。

图 9-4

-lgraphics -lgdi32 -limm32 -lmsimg32 -lole32 -loleaut32 -lwinmm -luuid -mwindows

在 Dev C++ 中运行 EGE 会产生一个新的输出窗口，先显示 EGE 的 Logo，如图 9-5 所示，再开始绘图。

图 9-5

● EGE 在 Visual Studio（VS）中的安装与使用

EGE 在 VS 中的安装与使用要比 Dev C++ 中操作简单得多。将安装包中的包含文件（include

文件夹中的全部文件）与库文件（在 lib\vs⋯\lib 文件夹中的文件）分别复制到 VS 中的 VC\include 和 VC\lib 文件夹中即可。

在 VS 中运行 EGE，会在原有的 DOS 输出窗口之外再显示一个绘图窗口，但不会显示 EGE 的 Logo。

Python

Python IDLE 本身自带一个绘图模块 turtle（意为"海龟"）。

在 Python 程序的开头，加入如下语句：

```
import turtle
```

即可使用 turtle 中的绘图函数。

turtle 其实是一个专门设计的动画模块，它的动画编程方法将在第 16 和第 17 章中介绍。

下面请看实例。

例 9.1 阵列

任务描述

绘制一个 9×9，由颜色渐变的圆形组成的矩阵，如图 9-6 所示。

图 9-6

这是一个典型的使用嵌套循环的实例，程序代码如下。

C++   EGE

源程序

```
#include <graphics.h>

int main()
{
    initgraph(1000,1000);                         // 初始化图形窗口
    setbkcolor(WHITE);                            // 设置背景颜色为白色
    for(int i=1;i<10;i++)
            for(int j=1;j<10;j++)
            {
                    setcolor(EGERGB(j*26,i*26,0));    // 设置画线颜色
                    circle(j*100,i*100,30);           // 画圆
            };
    getch();                                      // 输入一个字符
    closegraph();                                 // 关闭图形
}
```

程序注解

- #include <graphics.h>：包含 EGE 库函数的头文件。
- initgraph(w,h)：初始化图形窗口函数。

参数 w、h 分别为图形窗口的宽度和高度，以像素为单位。

EGE 的坐标设置为绘图窗口左上角（0,0）和右下角（w,h）。

- setbkcolor(c)：设置背景颜色函数。

参数 c 代表颜色，是一个无符号长整数。WHITE 已经由图形库文件预定义为白色，EGE 图形窗口默认的背景颜色为黑色。

- setcolor(c)：设置画线颜色函数。
- EGERGB(r,g,b)：用颜色分量计算颜色值。

参数 r、g、b 为所求颜色的红、绿、蓝三原色分量，取值范围为 0 ~ 255。

Windows 可以显示多少种颜色呢？

按红、绿、蓝三原色每种 256 级亮度计算，一共可以显示 256^3=16777216 种颜色。估计没有人会记得每一个数值究竟代表什么颜色吧，所以一般都用红、绿、蓝分量来表示。

- circle(x,y,r)：绘制圆形。参数 x、y 为圆心坐标的位置，r 为半径。
- getch()：输入一个字符。

在此处起暂停的作用。因为 EGE 的绘图窗口与 DOS 窗口不同，程序结束时会关闭，所以必须在程序结束前加上这一句。

- closegraph()：关闭图形窗口函数。

运行结果

运行结果如图 9-6 所示。

Python

源程序

```
import turtle as t                          # 引入 turtle 绘图模块

t.screensize(1000,1000)                     # 设置屏幕尺寸
t.colormode(255)                            # 设置颜色参数的模式
for i in range(1,10):
    for j in range(1,10):
        t.pencolor((j*26,i*26,0))           # 设置画线颜色
        t.penup()                           # 抬笔
        t.goto(j*100-500,470-i*100)         # 移动绘图位置
        t.pendown()                         # 落笔
        t.circle(30)                        # 画圆
```

程序注解

- import turtle：引入 turtle 模块。

这种用法类似 C 语言中的包含头文件。

引入模块包括如下不同的写法。

引入格式	说明	函数用法
import turtle	直接引入绘图模块。在程序中使用模块中的函数时需要使用前缀 turtle	turtle.circle(30)
import turtle as t	引入绘图模块，并以 t 代替模块名称	t.circle(30)
from turtle import *	从绘图模块中引入所有函数	circle(30)

- screensize(w,h)：设置绘图区域。

参数 w、h 分别为绘图区域（不是窗口）的宽度和高度，以像素为单位。

turtle 的坐标设置为绘图区域中心（0,0），绘图区域左下角（-w/2,-h/2），右上角（w/2,h/2）。

- colormode(m)：设置颜色参数模式，见 pencolor((r,g,b)) 的说明。

- pencolor((r,g,b)) 或 pencolor(c)：设置画线颜色。

参数 (r,g,b) 是一个元组，其中 r、g、b 分别代表颜色的红、绿、蓝分量。当设为 colormode(255) 时，取值范围为 0 ～ 255 的整数。当设为 colormode(1.0) 时，取值范围为 0 ～ 1.0 的浮点数。

此处也可以直接写代表颜色的字符串，如 'red'、'RED' 等。

- penup()：抬笔。

与 EGE 中的绘图函数直接绘出图形不同，turtle 中的绘图函数表示画笔的轨迹。turtle 中，画笔线条自始至终是一条连续的轨迹。其间如果使用了 pendown()，则会留下绘图痕迹，使用 penup()，则不会留下绘图痕迹。如果不设置，则默认为 pendown()。

- goto(x,y)：移动到坐标 x,y 处。
- pendown()：落笔。
- circle(r)：走圆形轨迹，r 为半径。

那么，这个圆以哪里为圆心呢？turtle 并不需要你考虑这个问题，它以当前画笔位置为起点，以当前画笔方向（初始默认方向为 x 轴正方向，即向右）为切线方向，以 r 为半径逆时针绘制一个圆形。

所以，前面的 goto 函数，不是移动到 circle 的圆心，而是移动到画圆的起点（切点）。

运行结果

与 C/C++ 相同。

你有没有发现？turtle 绘图的速度极慢，可以清楚地看到画笔在画面上的移动过程。这倒是与 turtle（意为海龟）这个名字极为相称。前面我们讲过，Python 是一种解释型语言，运行效率会比编译型语言的效率低一些，但是真会低到这种程度吗？

当然不是，这是 turtle 有意为之的。

turtle 本质上是一种动画模块，而我们现在用到的仅是它的绘图功能。换句话说，我们只想看到动画的结果，而不想看到过程。

可以通过以下函数或方法设置动画速度。

- speed(s)：绘图速度。参数 s 为 0 时速度最快，10 时最慢，1 ～ 10 速度逐渐增加。
- delay(t)：绘图延迟。参数 t 为延迟时间，单位为毫秒。

还可以通过以下函数设置动画跟踪器。

- tracer(s)：

参数 s 为 False 时关闭动画跟踪器，不显示绘制过程，只显示结果。

为 True：打开动画跟踪器。

例 9.2　斐波那契螺线

任务描述

绘制斐波那契螺线及其分隔线，如图 9-7 所示。

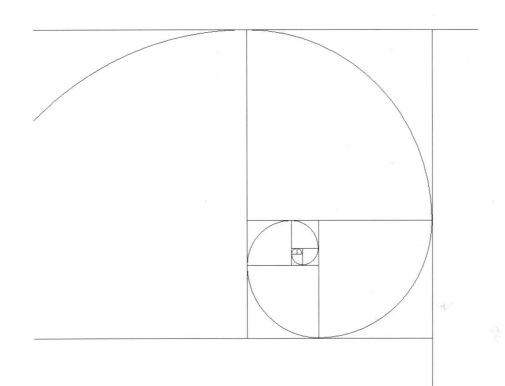

图 9-7

　　如图 9-7 所示的样子看起来是不是有些眼熟？你吃过田螺吗，或者有没有养过蜗牛？不知你注意到它背上螺壳的形状了没有？是不是和这个很像啊？

　　斐波那契螺线由一系列首尾相切的 1/4 圆弧构成，圆弧的半径为斐波那契数列（也称为"黄金分割数列"）：1、1、2、3、5、8、13、21、34…

　　斐波那契数列的递推公式为：$f_1=f_2=1$，$f_n=f_{n-1}+f_{n-2}$（$n \geqslant 3$）。

程序代码如下。

算法分析

用 EGE 绘制斐波那契螺线，需要分别使用画直线函数 line() 和圆弧函数 arc()。其中 line 函数需要给出直线两个端点的坐标，arc() 函数需要给出圆弧的圆心坐标和半径。其中直线的一个端点与圆弧的圆心重合，另一个端点则为圆弧的起点。

圆心每次移动的距离、圆弧半径均与斐波那契数列相关，可以使用递推算法来计算。圆心移动方向则按左、下、右、上的顺序循环变化。

绘图时，以 10 像素对应数列中的 1。

源程序

```cpp
#include <graphics.h>

int main()
{
  int x=500,y=500,x1=510,y1=500;        // 定义直线起点、终点坐标，并设置初始值
  int a=0,b=10,c;                        // 定义斐波那契数列递推变量
  initgraph(1000,1000);
  setbkcolor(WHITE);
  setcolor(BLACK);
  for(int n=0;x>=0||y>=0;n++)            // 当直线起点处于窗口之外时，循环结束
  {
        line(x,y,x1,y1);                 // 绘制直线
        arc(x,y,90*n,90*(n+1),b);        // 绘制圆弧
        x1=x;                            // 将直线终点坐标设为与起点相同
        y1=y;
        switch(n%4)                      // 根据数列项数确定画线的方向
        {
        case 0:
            y+=a;
            y1-=b;
            break;
        case 1:
            x+=a;
            x1-=b;
            break;
        case 2:
            y-=a;
            y1+=b;
            break;
        case 3:
            x-=a;
            x1+=b;
            break;
        }
        c=a+b;                           // 递推计算斐波那契数列的下一项
        a=b;
        b=c;
```

```
    }
    getch();
    closegraph();
}
```

程序注解

● line(x1,y1,x2,y2)：绘制直线。

参数 x1、y1 为直线起点坐标，x2、y2 为终点坐标。

● arc(x,y,a0,a1,r)：绘制圆弧。

参数 x、y 为圆心坐标，a0、a1 为圆弧起止角度（以 x 轴正向即右向为 0°），r 为半径。

运行结果

见图 9-7。

Python

算法分析

在 turtle 中，不必确定圆弧的圆心坐标，只需通过递推计算半径的变化即可，程序比 EGE 简单。

绘图时以 10 像素对应数列中的 1。

源程序

```
from turtle import *

screensize(1000,1000)
speed(0)
a,b=0,10                          # 定义递推变量
forward(b)                        # 前进 b 像素
left(90)                          # 左转 90°
while b<1000:
    circle(b,90)                  # 绘制 90°圆弧
    left(90)                      # 左转 90°
    a,b=b,a+b                     # 递推计算斐波那契数列的下一项
    forward(b)                    # 前进 b 像素
    backward(b)                   # 后退 b 像素
    right(90)                     # 右转 90°
```

程序注解

● a,b=0,10：a、b 同时赋值。

在 Python 中，可以在一个语句中给多个变量同时赋值。那么，a、b 两个变量交换就可以写成：

a,b=b,a

是不是非常方便？

- forward(s)：以当前画笔方向前进 s 像素。
- left(a)：从当前画笔方向左转 a°。
- circle(r,a)：以当前画笔位置为起点，以当前画笔方向为切线方向，以 r 为半径逆时针绘制 a 角度圆弧。
- backward(s)：以当前画笔方向后退 s 像素。

运行结果

与 C/C++ 相同。

例 9.3　画一只小熊

任务描述

绘制如图 9-8 所示的小熊。

图 9-8

程序代码如下。

C++　　EGE

源程序

```cpp
#include <graphics.h>

int main()
{
  initgraph(1000,1000);
  setbkcolor(WHITE);
  setcolor(BLACK);
  setfillcolor(EGERGB(128,64,0));          // 设置填充颜色
  fillellipse(320,320,30,30);              // 绘制椭圆
  fillellipse(480,320,30,30);
  fillellipse(400,400,100,90);
  setfillcolor(BLACK);
  fillellipse(360,370,7,10);
  fillellipse(440,370,7,10);
  fillellipse(400,425,20,20);
  setfillcolor(WHITE);
  fillellipse(398,420,8,8);
  getch();
  closegraph();
}
```

程序注解

- setfillcolor(c)：设置填充颜色。
- fillellipse(x,y,rx,ry)：绘制填充的椭圆。

参数 x、y 为椭圆中心坐标，rx、ry 分别为椭圆 x、y 方向上的半径。

运行结果

运行结果如图 9-8 所示。

Python

在 turtle 中并没有画椭圆的函数，本例以圆来代替。

源程序

```python
from turtle import *

screensize(1000,1000)
hideturtle()                    #隐藏画笔（海龟）图标
speed(0)
colormode(255)
fillcolor((128,64,0))           #设置填充颜色
```

```
penup()
goto(-80,50)
pendown()
begin_fill()                    # 开始填充
circle(30)
end_fill()                      # 结束填充
penup()
goto(80,50)
pendown()
begin_fill()
circle(30)
end_fill()
penup()
goto(0,-100)
pendown()
begin_fill()
circle(100)
end_fill()
penup()
fillcolor('BLACK')
goto(-40,20)
pendown()
begin_fill()
circle(10)
end_fill()
penup()
goto(40,20)
pendown()
begin_fill()
circle(10)
end_fill()
penup()
goto(0,-45)
pendown()
begin_fill()
circle(20)
end_fill()
penup()
fillcolor('WHITE')
goto(-2,-28)
pendown()
begin_fill()
circle(8)
end_fill()
penup()
```

程序注解

- hideturtle()：隐藏画笔（海龟）图标。

前面说过，turtle 原本是动画模块，画笔（海龟）图标是动画的一部分。如果只需要留下绘图的结果，就不需要显示画笔图标。

- fillcolor(c)：设置填充颜色。

- begin_fill()：开始填充。

- end_fill()：结束填充。

turtle 会将从 begin_fill 到 end_fill 语句之间，画笔所走过的路径作为一个区域进行填充。这条路径可以是一条语句，也可以是多条语句。

运行结果

与图 9-8 相似。

这段 Python 程序很长而且看起来很烦琐，其中反复用到 penup、pendown、beginfill、endfill 等函数。那么，有没有什么办法把程序写得简短一些呢？

办法肯定是有的，那就是使用下一章中要讲到的自定义函数。

本章要点

本章学习如何使用 Python 和 C/C++ 绘制图形，相关用法比对例如下表所示。

语言	C++	Python
库 / 模块	EGE	turtle
引用库 / 模块语法	#include <graphics.h>	import turtle import turtle as t from turtle import *
相似函数	initgraph()	screensize()
	setcolor()	pencolor()
	setfillcolor()	fillcolor()
	circle()	circle()
坐标原点位置	窗口左上角	窗口中心
纵轴正方向	向下	向上

练习 9　绘制图形

1. 绘制正方形渐开线

任务描述

绘制如图 9-9 所示的正方形渐开线。

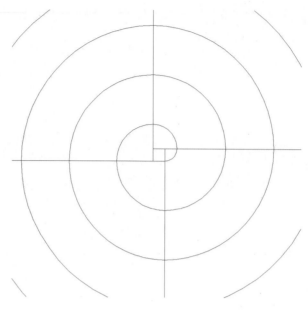

图 9-9

正方形渐开线也是由一系列首尾相切的 1/4 圆弧构成的，其中每段圆弧的圆心均位于同一个正方形的一个顶点上。

2. 绘制橘猫

任务描述

参考如图 9-10 所示的图形，自己设计一个类似的图形。

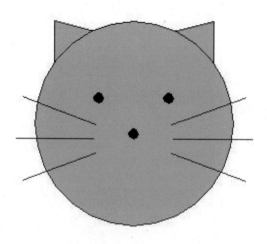

图 9-10

所需绘图函数可以参考本书附录 A 的内容。

第 10 章

函数

在前面的学习中，我们接触到了大量的库函数。其实，函数是可以自定义的，你可以将程序中需要反复执行的，或者具备相对独立功能的语句段落写进一个自定义函数中。

自定义函数是结构化程序的重要组成部分，下面先来看实例。

例 10.1　画多只小熊

任务描述

绘制几只大小、颜色不同的小熊，如图 10-1 所示。

图 10-1

程序代码如下。

C++　　　　EGE

源程序

```cpp
#include <graphics.h>
// 自定义函数，绘制小熊，参数为小熊比例、颜色和坐标
void drawbear(float s,long c,int x,int y)
{
  setfillcolor(c);
  fillellipse(x-80*s,y-80*s,30*s,30*s);
  fillellipse(x+80*s,y-80*s,30*s,30*s);
  fillellipse(x,y,100*s,90*s);
  setfillcolor(BLACK);
  fillellipse(x-40*s,y-30*s,7*s,10*s);
  fillellipse(x+40*s,y-30*s,7*s,10*s);
```

```
    fillellipse(x,y+25*s,20*s,20*s);
    setfillcolor(WHITE);
    fillellipse(x-2*s,y+20*s,8*s,8*s);
}

int main()
{
    initgraph(800,800);
    setbkcolor(WHITE);
    setcolor(BLACK);
    drawbear(1.0,EGERGB(128,64,0),200,200);      // 调用函数，绘制棕熊
    drawbear(1.5,EGERGB(255,0,0),400,600);        // 调用函数，绘制红熊
    drawbear(0.5,EGERGB(0,128,0),700,300);        // 调用函数，绘制绿熊
    getch();
    closegraph();
}
```

程序注解

● void drawbear(float s,long c,int x,int y)：**声明函数名及参数。**

C 语言中，自定义函数格式一般为：

返回值类型 函数名（参数类型 参数名，……）{ }

如果函数需要返回一个计算结果，则要在函数名前声明返回值的数据类型。如果没有返回值，则声明为 void。

此处的 s、c、x、y 称为形式参数，与变量相同，需要预先定义。形式参数仅在自定义函数范围内有效。

运行结果

见图 10-1。

Python

源程序

```
from turtle import *
from math import *

# 自定义函数，填充椭圆，参数为中心坐标，x、y 方向半径
def fillellipse(x,y,rx,ry):
    penup()                                              # 抬笔
    goto(x+rx,y)                                         # 移动到椭圆右侧起点
    pendown()                                            # 落笔
    begin_fill()                                         # 开始填充
    k=int(2*max(rx,ry))                                  # 设置椭圆一圈的步数
    for i in range(1,k+1):
        goto(x+cos(pi*i*2/k)*rx,y+sin(pi*i*2/k)*ry)     # 逐步画出椭圆
    end_fill()                                           # 结束填充
    penup()                                              # 抬笔
```

```
                                   # 自定义函数，绘制小熊，参数为小熊比例、颜色和坐标
def drawbear(s,c,x,y):
    fillcolor(c)
    fillellipse(x-80*s,y+80*s,30*s,30*s)
    fillellipse(x+80*s,y+80*s,30*s,30*s)
    fillellipse(x,y,100*s,90*s)
    fillcolor('BLACK')
    fillellipse(x-40*s,y+30*s,7*s,10*s)
    fillellipse(x+40*s,y+30*s,7*s,10*s)
    fillellipse(x,y-25*s,20*s,20*s)
    fillcolor('WHITE')
    fillellipse(x-2*s,y-20*s,8*s,8*s)

screensize(1000,1000)
hideturtle()
tracer(False)
colormode(255)
drawbear(1.0,(128,64,0),-300,300)
drawbear(1.5,'RED',-100,-100)
drawbear(0.5,(0,64,0),200,200)
```

程序注解

- def fillellipse(x,y,rx,ry)：定义填充椭圆函数。

第 9 章中我们提到，turtle 中没有绘制椭圆的函数，此处可以自定义一个。

- cos(a)：正弦三角函数。
- sin(a)：正弦三角函数。

以上两个函数需要引用 math 模块才可以使用。

参数为弧度（180°角的弧度值为 π，在 math 模块中，以 pi 代表 π）。

本例中的椭圆是用一个内接椭圆的多边形来近似得到的。多边形的顶点依据椭圆的参数方程如下。

$$\begin{cases} x = r_x\cos\theta \\ y = r_y\sin\theta \end{cases}$$

这里涉及多个你可能还未接触到的数学概念：三角函数、弧度和参数方程。三角函数在初三会学到，弧度和参数方程则是高中数学的内容。

本书毕竟不是数学教材，大家不必太深究它们的含义。

- def drawbear(s,c,x,y)：定义画小熊的函数。

运行结果

与 C/C++ 相同。

无论是 Python，还是 C/C++，函数之间均可以嵌套调用。

例 10.2 绘制坐标系

任务描述

绘制平面直角坐标系及函数 $y=x-1$ 所代表的直线，如图 10-2 所示。

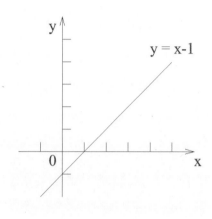

图 10-2

算法分析

数学中的平面直角坐标系（笛卡儿坐标系）和函数概念是初中一至二年级学习的内容。如果你暂时还没有学到也不必深究。但你首先需要知道，它与绘图窗口坐标及计算机语言的函数概念有什么区别。

初中数学中的函数是指，对于在定义域内的一个或多个自变量的每一取值，都有唯一因变量数值与其对应。而计算机语言中函数是指，对于一个或多个传入参数，完成一定的操作，并返回一个对应的值。

由此可见，计算机语言中的函数和数学中的函数有相似之处，但并不是同一个概念。计算机语言中的函数可以用于数学函数的计算（如 math 库中的 sin()、abs() 等函数），但不止于完成这些功能。

平面直角坐标系与绘图窗口坐标之间的对比，如下表所示。

	平面直角坐标系	EGE 坐标	turtle 坐标
坐标数据类型	实型（浮点型）	整型	整型
坐标原点位置	用户设定	窗口左上角	窗口中心
坐标单位	用户设定	1 像素	1 像素
X 轴正方向	右	右	右
Y 轴正方向	上	下	上

因此，我们在绘制平面直角坐标系中的图形时，必须考虑坐标系图形中的每个点应该画在绘图窗口中的什么位置。

那么，我们是否需要逐个计算每条线的端点在绘图窗口中的位置，再调用绘图库中的函数逐条把它画出？当然不需要。

我们只需先搞清平面直角坐标系与绘图窗口坐标之间的对应关系（包括原点设置、坐标比例），并定义相应的绘图函数。

下面看程序代码。

C++　　　　　**EGE**

源程序

```
#include <graphics.h>
#include <cmath>

int xk,yk,sk;                          // 定义全局变量，用于存储直角坐标系原点设置和坐标比例

                                       // 自定义画线函数，参数为直角坐标系中的起止点坐标
void myline(float x1, float y1, float x2, float y2)
{
    line(xk+x1*sk,yk-y1*sk,xk+x2*sk,yk-y2*sk);
}

                                       // 自定义文字输出函数，参数为直角坐标系中的坐标及文字
void myouttextxy(float x, float y,char s[])
{
    outtextxy(xk+x*sk,yk-y*sk,s);
}

        // 自定义绘制坐标系函数，参数为直角坐标系原点在绘图坐标系中的位置及坐标比例
void myzb(int x,int y,int s)
{
    xk=x;                                          // 设置直角坐标系原点位置
    yk=y;
    sk=s;                                          // 设置直角坐标系坐标比例
    myouttextxy(-0.6,0,"0");                       // 标记原点
    myouttextxy(6,0,"x");                          // 标记 x 轴
    myouttextxy(-0.6,6,"y");                       // 标记 y 轴
    myline(-2,0,6,0);                              // 绘制坐标轴
    myline(0,-2,0,6);
    myline(6,0,5.6,-0.1);
    myline(6,0,5.6,0.1);
    myline(0,6,-0.1,5.6);
    myline(0,6,0.1,5.6);
    for(int i=-1;i<6;i++)
    {
        myline(i,0,i,0.4);                         // 绘制刻度
        myline(0,i,0.4,i);
    }
}

int main()
```

```
{
    initgraph(500,500);
    setbkcolor(WHITE);
    setcolor(BLACK);
    setfont(40,0,"Times New Roman");
    myzb(150,350,50);                          // 绘制坐标系
    myline(-1,-2,5,4);                         // 绘制直线
    myouttextxy(4,5,"y = x-1");                // 标记直线
    getch();
    closegraph();
}
```

程序注解

- int xk,yk,sk: 定义全局变量。

前面各章的 C/C++ 实例中，都是把变量定义在 main() 主函数内部的。这种变量称为"局部变量"，它仅在主函数范围内有效。

自定义函数中，也可以定义这种局部变量，仅在该自定义函数内部有效。函数的形式参数也仅在函数内部有效。

定义在函数外的变量称为"全局变量"，它的有效范围从定义的位置开始到程序的结尾结束。

本例中，多个函数需要共用这几个变量，因而定义为全局变量。

- func(char s[]): 以数组名作为参数。

前面讲过，C/C++ 中，数组名代表数组的首地址。通过该参数可以将一个字符串直接传入自定义函数（具体参见第 12 章）。

关于头文件

其实，我们可以将自己经常使用的自定义函数写入一个头文件中并放在 include 文件夹中，或程序所在文件夹中，然后在程序开头声明包含这个文件即可。

头文件 zb.h

```
#include <graphics.h>
#include <cmath>

int xk,yk,sk;                     // 定义全局变量，用于存储直角坐标系原点设置和坐标比例

// 自定义画线函数，参数为直角坐标系中的起止点坐标
void myline(float x1, float y1, float x2, float y2)
{
    line(xk+x1*sk,yk-y1*sk,xk+x2*sk,yk-y2*sk);
}

// 自定义文字输出函数，参数为直角坐标系中的坐标及文字
void myouttextxy(float x, float y,char s[])
{
```

```
        outtextxy(xk+x*sk,yk-y*sk,s);
}

// 自定义绘制坐标系函数，参数为直角坐标系原点在绘图坐标系中的位置及坐标比例
void myzb(int x,int y,int s)
{
    xk=x;                                    // 设置直角坐标系原点位置
    yk=y;
    sk=s;                                    // 设置直角坐标系坐标比例
    myouttextxy(-0.6,0,"0");                 // 标记原点
    myouttextxy(6,0,"x");                    // 标记 x 轴
    myouttextxy(-0.6,6,"y");                 // 标记 y 轴
    myline(-2,0,6,0);                        // 绘制坐标轴
    myline(0,-2,0,6);
    myline(6,0,5.6,-0.1);
    myline(6,0,5.6,0.1);
    myline(0,6,-0.1,5.6);
    myline(0,6,0.1,5.6);
    for(int i=-1;i<6;i++)
    {
            myline(i,0,i,0.4);               // 绘制刻度
            myline(0,i,0.4,i);
    }
}
```

程序文件 ed11-2a.cpp

```
#include <zb.h>

int main()
{
    initgraph(500,500);
    setbkcolor(WHITE);
    setcolor(BLACK);
    setfont(40,0,"Times New Roman");
    myzb(150,350,50);                        // 绘制坐标系
    myline(-1,-2,5,4);                       // 绘制直线
    myouttextxy(4,5,"y = x-1");              // 标记直线
    getch();
    closegraph();
}
```

运行结果

运行结果如图 10-2 所示。

Python

源程序

```
from turtle import *
from math import *

# 自定义画线函数，参数为直角坐标系中的起止点坐标
def line(x1,y1,x2,y2):
    penup()
```

```
        goto(x0+x1*s0,y0+y1*s0)
        pendown()
        goto(x0+x2*s0,y0+y2*s0)
        penup()

# 自定义文字输出函数，参数为直角坐标系中的坐标、文字及字号
def outtextxy(x,y,st,n):
        penup()
        goto(x0+x*s0,y0+(y-0.8)*s0)
        write(st,font=("Times New Roman",n,'normal'))

# 自定义绘制坐标系函数，参数为直角坐标系原点在绘图坐标系中的位置及坐标比例
def zb(x,y,s):
        global x0,y0,s0                        # 声明全局变量
        x0=x
        y0=y
        s0=s
        outtextxy(-0.6,0,"0",25)
        outtextxy(6,0,"x",25)
        outtextxy(-0.6,6,"y",25);
        line(-2,0,6,0)
        line(0,-2,0,6)
        line(6,0,5.6,-0.1)
        line(6,0,5.6,0.1)
        line(0,6,-0.1,5.6)
        line(0,6,0.1,5.6)
        for i in range(-1,6):
                line(i,0,i,0.4)
                line(0,i,0.4,i)

screensize(500,500)
hideturtle()
tracer(False)
zb(-100,-100,50)
line(-1,-2,5,4)
outtextxy(4,5,"y = x-1",25)
```

程序注解

● global x0,y0,s0：声明全局变量

在 Python 中，自定义函数内部定义（即赋值）的变量被认为是"局部变量"。主程序段中定义的变量被认为是"全局变量"。

如果在自定义函数中未定义便引用一个变量，则被认为是一个全局变量（如本例 line 函数中的 x0 和 y0）。

如果想在自定义函数内部给一个全局变量赋值，则要声明其为全局变量，也可以一次声明多个。

在 Python 中，也可以将自定义函数写入一个单独的 py 文件中，然后像引入别的模块一样将其引入。

运行结果

与 C/C++ 相同。

本章要点

- 自定义函数的方法。
- 全局变量、局部变量和形式参数的有效范围。

练习 10　一群橘猫

任务描述

仿照例 10.1，通过调用自定义函数绘制一群如练习 9 的橘猫，如图 10-3 所示。

图 10-3

第 11 章

递归

第 10 章中，我们对自定义函数做了简要介绍，自定义函数可以调用库函数，也可以调用其他的自定义函数，那么，自定义函数可不可以调用自身呢？

这里是不是有些问题？

就好像小时候听过的那个故事：从前有座山，山上有座庙，庙里有个老和尚在讲故事，讲的是从前有座山，山上有座庙……这样下去不是会进入死循环吗？

答案是不会的，只要我们设置好终止继续调用的边界条件即可。这种使用函数调用自身的计算机程序算法被称为"递归算法"。

递归算法有什么好处呢？请看下面的实例。

例 11.1　约分（1）

任务描述

以"分子 / 分母"的形式输入一个分数，输出约分后的结果。

算法分析

做作业的时候如果碰到约分的题，我们一般都会使用短除法，逐步约简分子、分母的公约数（公因数），直到分子、分母互质。

试想一下，如何用编程模拟这一过程。肯定会很麻烦是不是？不是做不到，而是没有必要模拟这一过程。

当然你也可以如前面计算鸡兔同笼时那样采用暴力求解：假设有两个整数 $a>b$，则 a 与 b 的最大公约数最小可能是 1，最大可能是 b。那么从 b 开始到 1 求 a/b 的余数，则余数首次为 0 的项为 a 与 b 的最大公约数（若判断 b 不是，第 2 项可以从 $b/2$ 开始，可以减少一半的循环次数）。

这种方法最大的问题是效率低，特别是分子分母都非常大的情况。单纯针对本题来说，有赖于现在计算机的高速计算能力，即使两个数达到百万级别，增加的计算时间也不是十分明显。

不过，我们不应养成这样的习惯，因为我们以后要编写的程序可能要调用非常复杂的计算，那么，增加的计算时间就会非常显著了。所以，在可能的情况下，我们还要尽量选择执行效率高的方法，避免暴力求解。

　　这里介绍一种求最大公约数的方法——辗转相除法，又名欧几里得算法（Euclidean algorithm）。具体做法是：设两数为 m 和 n，k 为 m/n 的余数。若 k=0，则 n 为最大公约数。否则，求 n 和 k 的最大公约数。

　　这就是一个应用递归函数的完美范例，k=0 就是其中的边界条件。

　　程序代码如下。

C/C++

源程序

```
#include <cstdio>

int p(int m,int n)              // 自定义函数，求 m、n 的最大公约数
{
  int k;
  k=m%n;                        //k 为 m/n 的余数
  if(k==0)
        return n;               // 如果 k=0 返回 n
  else
        return p(n,k);          // 否则返回 n，k 的最大公约数
}

int main()
{
  int a,b,c;
  scanf("%d/%d",&a,&b);         // 输入分数，a 为分子，b 为分母
  c=p(a,b);                     // 调用自定义函数，求 a，b 的最大公约数，赋值给 c
  printf("%d/%d",a/c,b/c);      // 输出分数，分子分母分别除以 c
  return 0;                     // 主函数返回 0
}
```

程序注解

- int p(int m,int n)：自定义函数，int 为返回值类型。
- return n：将 n 作为返回值。
- return p(n,k)：调用 p(n,k) 作为返回值，这是一次递归调用。
- return 0：将 0 作为返回值。

　　主函数也需要返回值吗？我们一直默认主函数的返回值类型为 int，那么，它当然需要返回值。调用主函数的是操作系统，返回值自然也是返回给操作系统的。不过，在 VS 和 Dev C++ 中，这一句可以省略。

C++

　　我们再使用 ?: 逻辑表达式和 I/O 流改写一下程序。

源程序

```cpp
#include <iostream>
using namespace std;

int p(int m,int n)
{
  return m%n?p(n,m%n):n;          // 若 m%n 非 0，则返回 p(n,m%n)，否则返回 n
}

int main()
{
  int a,b,c;
  char d;
  cin>>a>>d>>b;                   // 字符变量 d 用于录入字符 '/'
  c=p(a,b);
  cout<<a/c<<"/"<<b/c;
  return 0;
}
```

程序注解

- a?b:c

?: 被称为三目运算符。以上表达式的意思是如果 a 为真，则表达式的值为 b，否则为 c。

a=b>c?d:e 相当于 if(b>c) a=d;else a=e;。

运行结果（粗斜体字为输入）

7/21
1/3

Python

源程序

```python
def p(m,n):                        # 自定义函数，求 m、n 的最大公约数
    k=m%n                          # k 为 m/n 的余数
    if k==0:
        return n                   # 如果 k=0，返回 n
    else:
        return p(n,k)              # 否则求 n，k 的最大公约数

a=input()                          # 输入分数，将字符串赋值给 a
b=a.split('/')                     # 以字符 '/' 分割字符串 a，生成列表 b
a=int(b[0])                        # 将 b[0] 转换为整数赋值给 a
b=int(b[1])                        # 将 b[1] 转换为整数赋值给 b
c=p(a,b)                           # 调用自定义函数，求 a、b 的最大公约数，赋值给 c
print(int(a/c),'/',int(b/c))       # 输出分数，分子分母分别除以 c
```

程序注解

- return n：将 n 作为返回值。
- return p(n,k)：调用 p(n,k) 作为返回值，这是一次递归调用。

运行结果

与 C/C++ 相同。

例 11.2　谢尔宾斯基三角形

任务描述

绘制如图 11-1 所示的谢尔宾斯基三角形。

图 11-1

算法分析

谢尔宾斯基三角形是一种分形图形，特点在于图形与其组成部分的自相似性。一个谢尔宾斯基三角形由 3 个小的谢尔宾斯基三角形构成，中间空缺。

发现没有，这又是一个使用递归函数的完美案例。如果使用第 9 章中绘制斐波那契螺线时所使用的递推算法，计算无疑要复杂得多。

我们可以通过限制绘制最小三角形的尺寸来设置边界条件。如果三角形任意两个顶点的横或纵坐标之差的总和小于某一数值，则绘制一个三角形，否则继续调用递归函数，绘制 3 个小的谢尔宾斯基三角形。

小的谢尔宾斯基三角形的顶点分别为大的谢尔宾斯基三角形的顶点和 3 条边的中点。

若一条线段的两个端点坐标分别为 x1,y1 和 x2,y2，则其中点的坐标计算公式为：

$$x=(x1+x2)/2$$
$$y=(y1+y2)/2$$

程序代码如下。

C++   EGE

源程序

```cpp
# include <graphics.h>

// 自定义函数，绘制谢尔宾斯基三角形，参数为 3 个顶点坐标
void sb(float x1,float y1,float x2,float y2,float x3,float y3)
{
  if(abs(x1-x2)+abs(x2-x3)+abs(x3-x1)+abs(y1-y2)+abs(y2-y3)+
        abs(y3-y1)<20)                   // 若任意两顶点的横 / 纵坐标之差的总和<20(＊注)
  {
        moveto(x1,y1);
        lineto(x2,y2);                    // 绘制三角形
        lineto(x3,y3);
        lineto(x1,y1);
  }
  else                                    // 否则绘制 3 个小谢尔宾斯基三角形
  {
        sb(x1,y1,(x1+x2)/2,(y1+y2)/2,(x1+x3)/2,(y1+y3)/2);
        sb((x1+x2)/2,(y1+y2)/2,x2,y2,(x2+x3)/2,(y2+y3)/2);
        sb((x1+x3)/2,(y1+y3)/2,(x2+x3)/2,(y2+y3)/2,x3,y3);
  }
}

int main()
{
  initgraph(1000,750);
  setbkcolor(WHITE);
  setcolor(BLACK);
  sb(500,100,150,700,900,600);           // 调用自定义函数，绘制一个谢尔宾斯基三角形
  getch();
  closegraph();
  return 0;
}
```

＊注：C 语言中，一个语句可以分成多行来书写，只要不把标识符拆开写，一般都没有问题。

程序注解

- abs(a)：求 a 的绝对值。
- moveto(x,y)：将画笔移动到坐标为 x,y 的点。
- lineto(x,y)：画直线到坐标为 x,y 的点。

运行结果

见图 11-1。

Python

turtle 中可以使用 goto(x,y) 移动到 x,y 点，配合使用 penup() 和 pendown() 可以完成三角形的绘制。

源程序

```
from turtle import *

# 自定义函数，绘制谢尔宾斯基三角形，参数为 3 个顶点坐标
def sb(x1,y1,x2,y2,x3,y3):
    if abs(x1-x2)+abs(x2-x3)+abs(x3-x1)+abs(y1-y2)+abs(y2-y3)+\
        abs(y3-y1)<30:                      # 若任意两顶点的横 / 纵坐标之差的总和<20（*注）
        penup()
        goto(x1,y1)
        pendown()
        goto(x2,y2)                         # 绘制三角形
        goto(x3,y3)
        goto(x1,y1)
        penup()
    else:                                   # 否则绘制 3 个小谢尔宾斯基三角形
        sb(x1,y1,(x1+x2)/2,(y1+y2)/2,(x1+x3)/2,(y1+y3)/2)
        sb((x1+x2)/2,(y1+y2)/2,x2,y2,(x2+x3)/2,(y2+y3)/2)
        sb((x1+x3)/2,(y1+y3)/2,(x2+x3)/2,(y2+y3)/2,x3,y3)

screensize(1000,1000)
tracer(False)
sb(0,400,-350,-200,400,-100)                # 调用自定义函数，绘制一个谢尔宾斯基三角形
hideturtle()
```

* 注：Python 语言中，如果一行语句需要分多行书写，一般需要在未写完的行尾加 "\\"，如果是在 "," 处换行，则不需要加 "\\"。

运行结果

与 C/C++ 相同。

例 11.3 科赫曲线

任务描述

绘制如图 11-2 所示的科赫曲线。

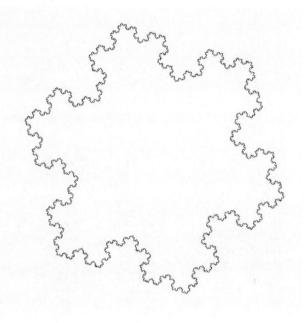

图 11-2

科赫曲线是另一种分形图形，也称"雪花曲线"。科赫曲线的形成过程如图 11-3 所示。

图 11-3

从一个等边三角形开始，每一条边都由 4 条更小的边构成，整体与局部自相似。

算法分析

科赫曲线顶点的计算也涉及初中三年级才会学到的三角函数。对于还没有学到这些内容的同学，没有必要深究。以下列出科赫曲线顶点的坐标计算方法，照样写进程序里即可。

若一条边的两个端点坐标分别为 x1,y1 和 x2,y2，则构成它的 4 条边的另外 3 个端点的坐标分别为：

$$(2*x1+x2)/3,(2*y1+y2)/3$$
$$(x1+x2-(y1-y2)*sqrt(3)/3)/2,(y1+y2+(x1-x2)*sqrt(3)/3)/2$$
$$(x1+2*x2)/3,(y1+2*y2)/3$$

若等边三角形两个顶点坐标分别为 x1,y1 和 x2,y2，则第三点坐标为：

$$(x1+x2+(y1-y2)*sqrt(3))/2,(y1+y2-(x1-x2)*sqrt(3))/2$$

以上 sqrt(3) 表示 3 的平方根，调用此函数需要包含 math 库（对于 C/C++）或 math 模块（对于 Python）。

程序代码如下。

C++   EGE

源程序

```cpp
#include <graphics.h>
#include <cmath>

// 自定义函数，绘制科赫曲线的边
void sd(float x1,float y1,float x2,float y2)
{
  if(abs(x1-x2)+abs(y1-y2)<4)
        line(x1,y1,x2,y2);
  else
  {
        sd(x1,y1,(2*x1+x2)/3,(2*y1+y2)/3);
        sd((2*x1+x2)/3,(2*y1+y2)/3,(x1+x2-(y1-y2)*sqrt(3)/3)/2,
            (y1+y2+(x1-x2)*sqrt(3)/3)/2);
        sd((x1+x2-(y1-y2)*sqrt(3)/3)/2,(y1+y2+(x1-x2)*sqrt(3)/3)/2,
            (x1+2*x2)/3,(y1+2*y2)/3);
        sd((x1+2*x2)/3,(y1+2*y2)/3,x2,y2);
  }
}

// 自定义函数，绘制科赫曲线的三角形
void kh(float x1,float y1,float x2,float y2)
{
  sd(x1,y1,x2,y2);
  sd(x2,y2,(x1+x2+(y1-y2)*sqrt(3))/2,(y1+y2-(x1-x2)*sqrt(3))/2);
  sd((x1+x2+(y1-y2)*sqrt(3))/2,(y1+y2-(x1-x2)*sqrt(3))/2,x1,y1);
}
```

```
int main()
{
  initgraph(600,600);
  setbkcolor(WHITE);
  setcolor(BLACK);
  kh(100,200,500,100);
  getch();
  closegraph();
}
```

以上程序使用 Dev C++ 编译运行通过，但是使用 Visual Studio 编译会有如下提示。

sqrt：对重载函数的调用不明确，将程序中的 sqrt(3) 改成 sqrt(3.0) 可解决该问题。

运行结果

见图 11-2。

Python

源程序

```
from turtle import *
from math import *

# 自定义函数，绘制科赫曲线的边
def sd(x1,y1,x2,y2):
    if abs(x1-x2)+abs(y1-y2)<4:
        goto(x2,y2)
    else:
        sd(x1,y1,(2*x1+x2)/3,(2*y1+y2)/3)
        sd((2*x1+x2)/3,(2*y1+y2)/3,(x1+x2+(y1-y2)*sqrt(3)/3)/2,
            (y1+y2-(x1-x2)*sqrt(3)/3)/2)
        sd((x1+x2+(y1-y2)*sqrt(3)/3)/2,(y1+y2-(x1-x2)*sqrt(3)/3)/2,
            (x1+2*x2)/3,(y1+2*y2)/3);
        sd((x1+2*x2)/3,(y1+2*y2)/3,x2,y2);

# 自定义函数，绘制科赫曲线的三角形
def kh(x1,y1,x2,y2):
    sd(x1,y1,x2,y2)
    sd(x2,y2,(x1+x2-(y1-y2)*sqrt(3))/2,(y1+y2+(x1-x2)*sqrt(3))/2)
    sd((x1+x2-(y1-y2)*sqrt(3))/2,(y1+y2+(x1-x2)*sqrt(3))/2,x1,y1)

screensize(600,600)
tracer(False)
penup()
goto(-200,100)
pendown()
kh(-200,100,200,200)
penup()
hideturtle()
```

运行结果

与 C/C++ 相同。

本章要点

- 递归算法是自定义函数的一种特殊应用，它可以使一些无比复杂的计算在程序格式上十分简单。同时，递归函数必须设置好边界条件，避免陷入死循环。
- 函数返回值的用法。

练习 11　递归应用

1. 约分

任务描述

使用递归函数按"更相减损"法对输入分数进行约分。

　　　　"更相减损"出自《九章算术》：可半者半之，不可半者，副置分母、子之数，以少减多，更相减损，求其等也。以等数约之。
　　　　"更相减损"法也称尼考曼彻斯法。

　　具体方法是：任意给定两个正整数，以较大的数减较小的数，把所得的差与较小的数比较，继续以大数减小数。反复进行这个操作，直到所得的减数和差相等为止，则等数就是所求的最大公约数。

　　例如 182/98。182−98=84，98−84=14，84−14=70…28−14=14，则最大公约数为 14。

语句提示

　　m、n 两个数的较小者可用 min(m,n) 计算。大数减小数的差可用 abs(m,n) 计算。这两个函数在 Python 和 C/C++ 中的用法相同，只是在 C/C++ 中需要在程序头部加入 #include <cmath>。

2. 绘制谢尔宾斯基地毯

任务描述

谢尔宾斯基地毯的形状如图 11-4 所示，一块大的谢尔宾斯基地毯系由 8 块小的谢尔宾斯基地毯组成，中间空缺。

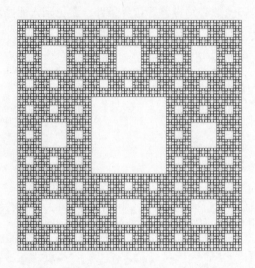

图 11-4

语句提示

C++   EGE

EGE 提供绘制矩形的函数：rectangle(x1,y1,x2,y2)

其中，x1,y1 和 x2,y2 分别代表矩形的两个对角顶点坐标。

Python

turtle 中没有提供专门用于绘制矩形的函数，可用 goto(x,y) 配合 penup() 和 pendown() 完成绘制，参考例 11.2。

也可使用如下函数。

setx(x)：横向移动到横坐标 x 处。

sety(y)：纵向移动到纵坐标 y 处。

第 12 章

指针（C/C++）

我们知道，程序中的每个变量都存在计算机内存中的某个地方。C 语言中有这么一类变量，它并不存储数据，而是专门用于存储内存地址，这类变量称为"指针变量"。

指针有什么用处呢？

设想一下，我有一个石膏的玩偶，想请你来给它涂色。我可以把它送到你的手里，让你来涂。但是如果这个石膏像很大呢？或者这个石膏像是固定在房间里的，无法搬运。那么，我只能给你一个地址，请你上门了。

当自定义函数需要处理大量数据或者需要改变主函数中变量的值时，经常使用指针变量作为函数的参数。

如标准输入 / 输出函数 scanf 就以指针作为参数。

指针变量的定义方法为：数据类型 * 变量名。

如 int *p 表示定义一个用于存储整型数据地址的指针。

在 C 语言中，用 & 前缀表示变量的地址。如用指针 p 来存储变量 a 的地址，则可以写成：p=&a;。

此外，前面讲过，在 C 语言中，数组名表示该数组中首个变量的地址。如定义 int a[10]，则 a 表示 a[0] 的地址，即 &a[0]。

如果是二维数组，例如定义 b[3][7]，则 b=b[0]=&b[0][0]。下面请看实例。

例 12.1　处理多个密码（1）

任务描述

按照例 7.1 的方法处理 3 个不同的密码。

程序代码如下。

C++

源程序

```cpp
#include<iostream>
using namespace std;

void mima(char* a)                          // 定义密码处理程序
{
  int b=0;
  for(int i=0;a[i];i++)
  {
          if(a[i]>=65&&a[i]<=90)
```

```
            a[i]+=32;
            else
            if(a[i]>=97&&a[i]<=122)
            a[i]-=32;
            else
            if(a[i]>=49&&a[i]<=57)
            a[i]=106-a[i];
            else
            b=1;
    }
    if(b)
    cout<<" 不符合规则 "<<endl;
    else
    cout<<a<<endl;
}

int main()
{
    char a[]="hghjdf789",b[]="788hggj",c[]="jfs%$%";
    mima(a);
    mima(b);
    mima(c);
    return 0;
}
```

程序注解

- void mima(char* a)：定义密码处理函数，以字符指针变量为参数。

在本例中，自定义函数要处理的实际上是以 a 为首地址的字符数组，则形式参数也可以写成 char a[]（参考例 10.2）。

运行结果

```
HGHJDF321
322HGGJ
不符合规则
```

本章要点

- 指针的概念和用法。
- C 语言中，数组名表示该数组中首个变量的地址。

练习 12　处理多个密码（2）

任务描述

按照练习 7 的要求，处理 3 个不同的密码。

第 13 章

结构体（C/C++）

结构体是 C 语言中的一种自定义数据类型，它可以将已有的不同类型数据组合在一起，用以描述一个特定的对象。

结构体的语法结构如下。

```
struct snm                          // 定义结构体
{
  int v1;                           // 定义结构体变量
  float v2;
  int *p1;
  ……
}
```

下面仍以小熊为例。

例 13.1　结构体小熊

任务描述

用结构体来表述小熊的比例和颜色。并在不同位置绘制小熊。

程序代码如下。

C++　　　　EGE

源程序

```
#include <graphics.h>

struct bear                              // 定义bear 结构体
{
  float s;
  long c;
};

void setbear(bear &b,float s,long c)     // 自定义函数, 设置小熊结构体数据
{
  b.s=s;
  b.c=c;
}

void drawbear(bear b,int x,int y)        // 自定义函数, 绘制小熊
{
  setfillcolor(b.c);
  fillellipse(x-80*b.s,y-80*b.s,30*b.s,30*b.s);
  fillellipse(x+80*b.s,y-80*b.s,30*b.s,30*b.s);
  fillellipse(x,y,100*b.s,90*b.s);
  setfillcolor(BLACK);
  fillellipse(x-40*b.s,y-30*b.s,7*b.s,10*b.s);
  fillellipse(x+40*b.s,y-30*b.s,7*b.s,10*b.s);
  fillellipse(x,y+25*b.s,20*b.s,20*b.s);
  setfillcolor(WHITE);
```

```
    fillellipse(x-2*b.s,y+20*b.s,8*b.s,8*b.s);
}

int main()
{
  initgraph(800,800);
  setbkcolor(WHITE);
  setcolor(BLACK);
  bear b1,b2,b3;                              // 定义熊 b1、b2、b3
  setbear(b1,1.0,EGERGB(128,64,0));           // 设置 b1 为比例 1 的棕熊
  setbear(b2,1.5,EGERGB(255,0,0));            // 设置 b2 为比例 1.5 的红熊
  setbear(b3,0.5,EGERGB(0,128,0));            // 设置 b3 为比例 0.5 的绿熊
  drawbear(b1,200,200);                       // 在 200,200 处画 b1
  drawbear(b2,400,600);                       // 在 400,600 处画 b2
  drawbear(b3,700,300);                       // 在 700,300 处画 b3
  drawbear(b1,500,150);                       // 在 500,150 处画 b1
  drawbear(b3,600,400);                       // 在 600,400 处画 b3
  getch();
  closegraph();
}
```

程序注解

- void setbear(bear &b,...)：

这是 C++ 中的语法。&b 表示参数引用的是 b 的地址，而不是数值。那么，b 就可以在函数中有所改变。这是一种代替指针作为参数的用法，但是并不常用。

运行结果

运行结果如图 13-1 所示。

图 13-1

本章要点

- 结构体的概念和用法。
- 函数形式参数引用变量地址的用法。

练习 13　结构体橘猫

任务描述

使用结构体编写练习 10。

第 14 章

文件

前面我们所学的编程实例，要么是在程序中给定数据，要么是从键盘读入数据，而计算结果则显示在输出窗口。

但是如果要计算的数据太多呢？还要逐个输入吗？或者要处理的数据本身就存在于一个数据文件中呢？

还有，辛辛苦苦计算的结果，关闭输出窗口就会消失，能不能想法把它保存下来呢？

这些都涉及了计算机编程的一个重要内容——文件的读写操作。

　　我们平常在计算机上常用的软件，像 Office、Photoshop 啦，还有现在所用的编程环境 Python IDLE、VS、Dev C++ 等，都是要进行文件操作的。

　　就连游戏的设置、进度存储也都是通过文件操作来实现的。

我们还是先看实例。

例 14.1　从文件对算式计算

任务描述

这次我们将算式写入一个文本文件（calin.txt）中，读入并将计算结果写入另一个文本文件（calout.txt）中。

输入 calin.txt 文件的内容。

```
6+78
-3-5
9*7
15/23
5-4
333+666
0a0
```

程序代码如下。

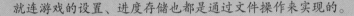

C/C++

源程序

```
#include <cstdio>

int main()
{
  float a,b,c;
  char d;
```

```
    FILE *fp1,*fp2;                                      // 定义文件指针变量
    fp1=fopen("calin.txt","r");                          // 打开输入文件
    fp2=fopen("calout.txt","w");                         // 打开输出文件
    do
    {
            fscanf(fp1,"%f%c%f",&a,&d,&b);               // 读入输入文件中的一行
            switch(d)
            {
            case'+':
                    c=a+b;break;
            case'-':
                    c=a-b;break;
            case'*':
                c=a*b;break;
            case'/':
                    c=a/b;break;
            default:c=0;
            }
            fprintf(fp2,"%g%c%g=%g\n",a,d,b,c);          // 写入输出文件一行
    }
    while (d!='a');                                       // 当 d=='a' 时循环结束
    fclose(fp1);                                          // 关闭输入文件
    fclose(fp2);                                          // 关闭输出文件
    return 0;
}
```

程序注解

- FILE *fp: 定义一个文件型指针变量 fp。

FILE 是在 stdio 库中定义的结构体，用于文件操作。

- fp=fopen(fnm,md): 打开一个文件。

fp: 文件指针。

fnm: 文件名字符串。可包含文件路径，如 c:\\ff\\fnm.txt。如不包含文件路径，则指原程序（或执行程序）所在文件夹。

md: 打开模式。r 代表读，w 代表写。

- fscanf(fp,"...",...): 从 fp 所指向文件中读入数据。

与 scanf 函数类似，只是 scanf 从键盘读入，fscanf 从文件读入。

- fprintf(fp,"...",...): 向 fp 所指向文件中写入数据。

与 printf 函数类似，只是 printf 向窗口输出，fscanf 向文件输出。

- fclose(fp): 关闭文件。

应记住，任何一个在程序中打开的文件，应在程序结束前关闭。

还有一种方法，可以使用 cin/cout 或 scanf/printf 函数进行文件的读写。

程序代码如下。

C++

源程序

```
#include <iostream>
#include <cstdio>
using namespace std;

int main()
{
  float a,b,c;
  char d;
  freopen("calin.txt","r",stdin);           // 定向标准输入到文件 "calin.txt"
  freopen("calout.txt","w",stdout);          // 定向标准输出到文件 "calout.txt"
  do
  {
        cin>>a>>d>>b;
        switch(d)
        {
        case'+':
             c=a+b;break;
        case'-':
             c=a-b;break;
        case'*':
            c=a*b;break;
        case'/':
             c=a/b;break;
        default:c=0;
        }
        cout<<a<<d<<b<<"="<<c<<endl;
  }
  while (d!='a');                            // 当 d!='a' 时循环结束
  fclose(stdin);                             // 关闭标准输入
  fclose(stdout);                            // 关闭标准输出
  return 0;
}
```

程序注解

● **freopen(fnm,md,fp)：重新打开一个文件。**

fp：文件指针。本例中，stdin 代表标准输入，stdout 代表标准输出。将 stdin 重新定向到一个文件，则 cin 改为从该文件输入。

重定向标准输入 / 输出的办法在各种竞赛中常用，它有一个好处，就是可以使用 cin/cout 等控制台输入 / 输出的命令来进行文件操作。但也有一个坏处，就是只能同时打开一个输入文件、一个输出文件。

运行结果

输出文件 calout.txt。

```
6+78=84
-3-5=-8
9*7=63
15/23=0.652174
5-4=1
333+666=999
0a0=0
```

Python

源程序

```
f1=open("calin.txt",mode='r')          # 打开输入文件
f2=open("calout.txt",mode='w')         # 打开输出文件
for a in f1.readlines():               # 读入文件中的所有行，a 分别等于文件中的每行
    if len(a.split('+'))==2:
        b=a.split('+')
        c=float(b[0])+float(b[1])
    elif len(a.split('-'))==2:
        b=a.split('-')
        c=float(b[0])-float(b[1])
    elif len(a.split('*'))==2:
        b=a.split('*')
        c=float(b[0])*float(b[1])
    elif len(a.split('/'))==2:
        b=a.split('/')
        c=float(b[0])/float(b[1])
    else:
        c=0
    f2.write(a.rstrip('\n')+'='+str(c)+'\n')
f1.close()                             # 关闭输入文件
f2.close()                             # 关闭输出文件
```

程序注解

- f=open(fnm,mode=md)：打开一个文件。

f：变量，用于代表打开的相应文件。

fnm：文件名字符串。可包含文件路径，如 c:\\ff\\fnm.txt。如果不包含，则指程序所在文件夹。

md：打开模式。r 代表读，w 代表写。

- for a in f.readlines()：执行循环，a 分别等于文件中的每行。

f.readlines()：读入文件中的所有行，返回一个列表。

- f.write(str)：向文件中写入一行。

- f.close()：关闭文件。

应记住，任何一个在程序中打开的文件，应在程序结束前关闭。

运行结果

输出文件 calout.txt。

```
6+78=84.0
-3-5=0
9*7=63.0
15/23=0.6521739130434783
5-4=1.0
333+666=999.0
0a0=0
```

例 14.2　统计图

任务描述

针对输入文件中的 5 个数据绘制扇形分布图（饼图）和柱形分布图（直方图），如图 14-1 所示。

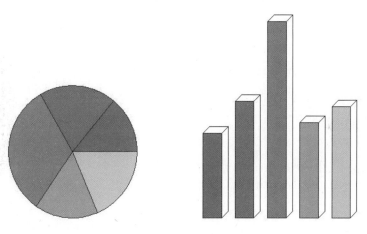

图 14-1

输入 sain.txt 文件内容。

```
16  22  37  18  21
```

程序代码如下。

源程序

```cpp
#include <graphics.h>
#include <cstdio>

int main()
{
```

```
int a[5],b=0,c[6],d;
freopen("sain.txt","r",stdin);                 // 定向标准输入到 sain.txt 文件
c[0]=0;
for(d=0;d<=4;d++)
{
        scanf("%d",a+d);
        b+=a[d];
        c[d+1]=b;
}
initgraph(800,500);
setbkcolor(WHITE);
setcolor(BLACK);
for(d=0;d<=4;d++)
{
        setfillcolor(EGERGB(255,d*50,d*30));
        pieslice(200,300,c[d]*360/b,c[d+1]*360/b,100);   // 绘制扇形分布图
        bar3d(400+50*d,400-a[d]*8,430+50*d,400,10,1);     // 绘制柱形分布图
}
fclose(stdin);
getch();
closegraph();
return 0;
}
```

程序注解

- pieslice(x,y,a0,a1,r)：绘制填充的扇形。

参数 x、y：扇形圆心坐标。

a0、a1：扇形起止角度。

r：半径。

- bar3d(x0,y0,x1,y1,tk,tp)：绘制长方体。

参数 x0、y0：长方体前立面左上角坐标。

x1、y1：长方体前立面右下角坐标。

tk：长方体厚度（实际是后面棱线与前面棱线之间的距离）。

tp：长方体是否有顶面，1 表示有，0 表示没有。

运行结果

运行结果如图 14-1 所示。

Python

源程序

```
from turtle import *

def bar3d(x1,y1,x2,y2,tk):              # 自定义绘制长方体函数
    penup()
```

```
            goto(x1,y1)
            pendown()
            begin_fill()
            setx(x2)
            sety(y2)
            setx(x1)
            sety(y1)
            end_fill()
            goto(x1+tk,y1+tk)
            setx(x2+tk)
            goto(x2,y1)
            goto(x2+tk,y1+tk)
            sety(y2+tk)
            goto(x2,y2)
            penup()

fl=open("sain.txt",mode='r')                    # 打开输入文件
s=fl.readline()                                 # 读入一行
ss=s.split(' ')                                 # 分隔成 5 个字符串组成的列表
a=[]                                            # 定义空列表
b=0
for i in range(0,5):
    a.append(int(ss[i]))                        # 生成 5 个整数组成的列表
    b+=a[i]                                     # 计算总和
screensize(800,500)
tracer(False)
hideturtle()
colormode(255)
penup()
goto(-200,-50)
for i in range(0,5):
    pendown()
    fillcolor(255,i*50,i*30)
    begin_fill()
    forward(100)
    left(90)
    circle(100,a[i]*360/b)                      # 绘制扇形分布图
    right(90)
    backward(100)
    end_fill()
    penup()
for i in range(0,5):
    fillcolor(255,i*50,i*30)
    bar3d(50*i,a[i]*8-150,50*i+30,-150,10)      # 绘制柱形分布图
```

程序注解

- setx(a)：改变画笔横坐标到 a。

- sety(a)：改变画笔纵坐标到 a。

运行结果

与 C/C++ 相同。

本章要点

- 文件的打开和关闭模式。
- 文件内容的读写方式。
- C/C++ 中重定向标准输入 / 输出的方法。

练习 14 用文本文件表示图形

任务描述

读入输入文件 inf.txt 的内容，并绘制所表达的图形。

inf.txt 内容。

```
L 100 100 200 200
C 200 200 50
R 100 100 400 300
C 300 300 70
E
```

其中 L 表示绘制直线，后面的 4 个整数分别表示起止点坐标；C 表示绘制圆，后面第 1 和第 2 个整数表示圆心坐标，第 3 个整数表示半径；R 表示绘制矩形，后面的 4 个整数分别表示左上角、右下角坐标；E 表示文件结束。

第 15 章

类

从本章开始，我们将要学习面向对象的编程方法。

面向对象是现代计算机软件开发中十分重要的概念，也是本书的难点。我们这里先不讨论复杂的理论，仍然以画小熊为例说明面向对象的具体用法。

例 15.1　作为对象的小熊

任务描述

用类来表示小熊对象，并用类函数来对小熊进行设置和绘制，如图 15-1 所示。

图 15-1

程序代码如下。

在传统的 C 语法中，用变量或结构体存储一个对象的数据，用函数来对对象进行操作，数据和操作是相互分离的。

例如在例 13.1 中，我们用一个结构体 bear 来存储“熊”这个对象的数据信息（它的比例和颜色），用一个函数 drawbear 来把“熊”对象绘制在窗口中。虽然都是针对“熊”对象，但在程序结构中，它们是相互分离的。调用函数时，则必须把对应的数据完整地传入。

当对象数目较少且数据结构简单时（像本例中，只有一个对象"熊"与两个数据"比例"和"颜色"），可能我们还不觉得有多麻烦。但如果对象有数十个，数据有上百项，操作有上千种呢？会不会很乱啊？

C++ 中引入了一种新的数据类型：类（class），将相关的数据和函数整合在一起，用以表述特定的对象。

C++ 中类的一般语法格式如下。

```
class cnm                          // 定义类
{
private:                           // 声明为私有
  int v1;                          // 定义类变量
  float v2;
  ……
public:                            // 声明为公有
  cnm(……);                        // 声明构造函数
  ~cnm();                          // 声明析构函数
  int func1(……);                  // 声明类函数
  ……
}

cnm::cnm(……)                      // 定义构造函数
{
  ……
}

cnm::~cnm(……)                     // 定义析构函数
{
  ……
}

int cnm::func1(……)                // 定义类函数
{
  ……
}

……
```

private：用以声明类的私有成员（包括变量和类函数），只有类函数可以引用，程序其他部分不可引用。

public：声明类的公有成员，类函数及程序其他部分均可引用。

类中未声明的成员均默认为 private。

在 C++ 语法中，结构体（struct）内部也可以设置成员函数（只不过一般不这么用）。用法与 class 基本相同，不同之处在于结构体中未声明的成员均默认为 public。

　　构造函数：与类名同名，在创建一个新的类对象时调用，析构函数则在删除该类对象时调用。构造函数与析构函数均可默认。

　　下面我们来看程序代码。

源程序

```
#include <graphics.h>

class bear                          // 定义 bear 类

private:                            // 私有部分
  float s;                          // 定义变量 s：熊的比例
  long c;                           // 定义变量 c：熊的颜色
public:                             // 公有部分
  bear(float s1,long c1);           // 声明构造函数，用于设置熊的初始比例和颜色
  void set(float s1,long c1);       // 声明函数，用于设置熊的比例和颜色
  void draw(int x,int y);           // 声明函数，用于画出熊
};

                                    // 定义 bear 类的构造函数，参数为熊的比例和颜色
bear::bear(float s1,long c1)
{
  s=s1;
  c=c1;
}

                                    // 定义 bear 类函数，参数为熊的比例和颜色
void bear::set(float s1,long c1)
{
  s=s1;
  c=c1;
}

                                    // 定义 bear 类函数，用于画熊，参数为坐标
void bear::draw(int x,int y)
{
  setfillcolor(c);
  fillellipse(x-80*s,y-80*s,30*s,30*s);
  fillellipse(x+80*s,y-80*s,30*s,30*s);
  fillellipse(x,y,100*s,90*s);
  setfillcolor(BLACK);
  fillellipse(x-40*s,y-30*s,7*s,10*s);
  fillellipse(x+40*s,y-30*s,7*s,10*s);
  fillellipse(x,y+25*s,20*s,20*s);
  setfillcolor(WHITE);
  fillellipse(x-2*s,y+20*s,8*s,8*s);
}

int main()
{
  initgraph(800,800);
  setbkcolor(WHITE);
  setcolor(BLACK);
  bear b1(1.0,EGERGB(128,64,0));    // 定义 b1，比例为 1 倍的棕熊
  bear b2(1.5,EGERGB(255,0,0));     // 定义 b2，比例为 1.5 倍的红熊
  bear b3(0.5,EGERGB(0,128,0));     // 定义 b3，比例为 0.5 倍的绿熊
```

```
    b1.draw(200,200);                        // 在 200,200 处画 b1
    b2.draw(400,600);                        // 在 400,600 处画 b2
    b3.draw(700,300);                        // 在 700,300 处画 b3
    b1.draw(500,150);                        // 在 500,150 处画 b1
    b3.set(0.7,EGERGB(128,255,0));           // 将 b3 重新设置为比例为 0.7 倍的草绿熊
    b3.draw(700,500);                        // 在 600,400 处画 b3
    getch();
    closegraph();
}
```

程序注解

● bear b1(1.0,EGERGB(128,64,0)): 在声明类变量的时候直接调用构造函数。

运行结果

运行结果见图 15-1。

Python

Python 本身就是一种面向对象的编程语言。从前面的学习中我们已经知道，字符串、列表、组元、字典等数据类型都有自带的方法（与 C++ 中的类函数类似）。

在 Python 中，也可以使用类来自定义新的数据类型。

Python 中类的一般语法格式如下。

```
class cnm                                    # 定义类
    def __init__(self,……):                  # 定义构造函数（初始化方法）
        ……
    def __del__(self):                       # 定义析构函数
        ……
    def func1(self,……):                     # 定义实例方法
        ……
```

构造函数在创建一个新的类实例时调用；析构函数在删除该类实例时调用。第一个参数 self 代表类的实例，但在实际调用中并不传入这个参数。

下面来看程序代码。

源程序

```
from turtle import *
from math import *

def fillellipse(x,y,rx,ry):                  # 定义函数，绘制椭圆
    penup()
    goto(x+rx,y)
    pendown()
    begin_fill()
    k=int(2*max(rx,ry))
    for i in range(1,k+1):
        goto(x+cos(pi*i*2/k)*rx,y+sin(pi*i*2/k)*ry)
    end_fill()
    penup()
```

```
class bear:                                              # 定义 bear 类
    def __init__(self,s,c):                              # 定义构造函数，参数为熊的比例和颜色
        self.s=s
        self.c=c
    def set(self,s,c):                                   # 定义方法，参数为熊的比例和颜色
        self.s=s
        self.c=c
    def draw(self,x,y):                                  # 定义方法，用于画熊，参数为坐标
        fillcolor(self.c)
        fillellipse(x-80*self.s,y+80*self.s,30*self.s,30*self.s)
        fillellipse(x+80*self.s,y+80*self.s,30*self.s,30*self.s)
        fillellipse(x,y,100*self.s,90*self.s)
        fillcolor('BLACK')
        fillellipse(x-40*self.s,y+30*self.s,7*self.s,10*self.s)
        fillellipse(x+40*self.s,y+30*self.s,7*self.s,10*self.s)
        fillellipse(x,y-25*self.s,20*self.s,20*self.s)
        fillcolor('WHITE')
        fillellipse(x-2*self.s,y-20*self.s,8*self.s,8*self.s)

screensize(800,800)
tracer(False)
hideturtle()
colormode(255)
b1=bear(1.0,(128,64,0))                                  # 设置 b1 为比例为 1 倍的棕熊
b2=bear(1.5,'RED')                                       # 设置 b2 为比例为 1.5 倍的红熊
b3=bear(0.5,(0,128,0))                                   # 设置 b3 为比例为 0.5 倍的绿熊
b1.draw(-200,200)                                        # 在 -200,200 处画 b1
b2.draw(0,-200)                                          # 在 0,-200 处画 b2
b3.draw(300,100)                                         # 在 300,100 处画 b3
b1.draw(100,250)                                         # 在 100,250 处画 b1
b3.set(0.7,(128,255,0))                                  # 将 b3 重新设置为比例为 0.7 倍的草绿熊
b3.draw(300,-100)                                        # 在 300,-100 处画 b3
```

程序注解

● self.s 和 self.c：为 bear 类的实例变量，分别用于存储熊的比例和颜色，供 bear 类中的其他方法调用。

运行结果

与 C/C++ 相同。

例 15.2　绘制抛物线

任务描述

绘制平面直角坐标系及函数 $y = \frac{1}{2}(x-1)^2 - 2$ 所代表的抛物线，如图 15-2 所示。

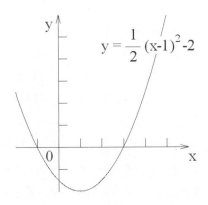

$$y = \frac{1}{2}(x-1)^2 - 2$$

图 15-2

本例可以定义一个类，用来代表平面直角坐标系，并用类变量来表达平面直角坐标系与绘图窗口坐标之间的对应关系（包括原点位置和坐标比例）。

实际绘图时，调用类函数（或实例方法）来绘制。

下面来看程序代码。

C++　　EGE

源程序

```cpp
#include <graphics.h>
#include <cmath>

class zb                                          // 定义 zb 类
{
// 定义成员变量。x0,y0:坐标系原点对应的绘图坐标; s0:1 坐标单位对应的像素数
  int x0,y0,s0;
public:
  zb(int x,int y,int s);
  void line(float x1, float y1, float x2, float y2);
  void outtextxy(float x, float y,char *s);
  void draw();
  void moveto(float x,float y);
  void lineto(float x,float y);
};

zb::zb(int x,int y,int s)                 // 定义构造函数, 设置原点绘图坐标及绘图比例
{
  x0=x;
  y0=y;
  s0=s;
}

void zb::line(float x1, float y1, float x2, float y2)   // 定义类函数 line
{
  ::line(x0+x1*s0,y0-y1*s0,x0+x2*s0,y0-y2*s0);          // 调用 EGE 函数 line
```

```cpp
}
void zb::outtextxy(float x, float y,char s[])              // 定义类函数 outtextxy
{
  ::outtextxy(x0+x*s0,y0-y*s0,s);                          // 调用 EGE 函数 outtextxy
}

void zb::draw()                                           // 定义类函数，用于绘制坐标轴及刻度
{
// 此处调用类函数 outtextxy
  outtextxy(-0.6,0,"0");                                   // 标记原点
  outtextxy(6,0,"x");                                      // 标记 x 轴
  outtextxy(-0.6,6,"y");                                   // 标记 y 轴
// 此处调用类函数 line

  line(-2,0,6,0);                                          // 绘制 x 轴
  line(0,-2,0,6);                                          // 绘制 y 轴
  line(6,0,5.6,-0.1);                                      // 绘制 x 轴箭头
  line(6,0,5.6,0.1);
  line(0,6,-0.1,5.6);                                      // 绘制 y 轴箭头
  line(0,6,0.1,5.6);
  for(int i=-1;i<6;i++)
  {
          line(i,0,i,0.4);                                 // 绘制 x 轴刻度
          line(0,i,0.4,i);                                 // 绘制 y 轴刻度
  }
}

void zb::moveto(float x, float y)                          // 定义类函数 moveto
{
  ::moveto(x0+x*s0,y0-y*s0);                               // 调用 EGE 函数 moveto
}

void zb::lineto(float x, float y)                         // 定义类函数 lineto
{
  ::lineto(x0+x*s0,y0-y*s0);                               // 调用 EGE 函数 lineto
}

int main()
{
  initgraph(500,500);
  setbkcolor(WHITE);
  setcolor(BLACK);
  setfont(40,0,"Times New Roman");
  zb z(150,350,50);                 // 定义一个 zb 类，原点位于（150，350），每单位50像素
  z.draw();                                               // 绘制坐标轴及刻度
  z.moveto(-2,2.5);                                       // 移动到曲线起点
  for(float x=-2;x<=5;x+=0.01)
          z.lineto(x,(x-1)*(x-1)/2-2);                    // 绘制曲线
// 标记函数公式
  z.outtextxy(2,5,"y = — (x-1)  -2");
  z.outtextxy(3.3,5.5,"1");
  z.outtextxy(3.3,4.5,"2");
  setfont(30,0,"Times New Roman");
  z.outtextxy(5.4,5.2,"2");
  getch();

  closegraph();
}
```

程序注解

- ::line：调用全局函数。

在本例中，类函数使用了与 EGE 库函数相同的名称（如 line，outtextxy），类似函数重载（当然完全可以不这样做，而用另外的函数名）。在类函数定义中如果调用了该同名函数，如 line，那么编译系统必须知道，调用的是哪一个函数 line()。

编译系统此时会默认调用的是类函数 line()。如果想调用的是 EGE 的库函数 line()，则必须在 line 前加全局修饰符 ::，写成 ::line。

运行结果

运行结果如图 15-2 所示。

`Python`

源程序

```
from turtle import *
from math import *

class zb:                       # 定义 zb 类
    def __init__(sf,x,y,s):     # 定义构造函数, 设置原点绘图坐标及绘图比例
        sf.x0=x
        sf.y0=y
        sf.s0=s
    def outtextxy(sf,x,y,st,n):
                                # 定义实例方法, 用于输出文字, 参数为坐标、文字及字号
        penup()
        goto(sf.x0+x*sf.s0,sf.y0+(y-0.8)*sf.s0)
        write(st,font=("Times New Roman",n,'normal'))
    def moveto(sf,x,y):         # 定义实例方法, 移动到某点
        penup()
        goto(sf.x0+x*sf.s0,sf.y0+y*sf.s0)
    def lineto(sf,x,y):                         # 定义实例方法, 画线到某点
        pendown()
        goto(sf.x0+x*sf.s0,sf.y0+y*sf.s0)
    def line(sf,x1,y1,x2,y2):                   # 定义实例方法, 从某点到某点画线
        zb.moveto(sf,x1,y1)
        zb.lineto(sf,x2,y2)
        penup()
    def draw(sf):                               # 定义实例方法, 绘制坐标轴及刻度
        zb.outtextxy(sf,-0.6,0,"0",25)          # 标记原点
        zb.outtextxy(sf,6,0,"x",25)             # 标记 x 轴
        zb.outtextxy(sf,-0.6,6,"y",25);         # 标记 y 轴
        zb.line(sf,-2,0,6,0)                    # 绘制 x 轴
        zb.line(sf,0,-2,0,6)                    # 绘制 y 轴
        zb.line(sf,6,0,5.6,-0.1)                # 绘制 x 轴箭头
        zb.line(sf,6,0,5.6,0.1)
        zb.line(sf,0,6,-0.1,5.6)                # 绘制 y 轴箭头
        zb.line(sf,0,6,0.1,5.6)
        for i in range(-1,6):
```

```
            zb.line(sf,i,0,i,0.4)                # 绘制 x 轴刻度
            zb.line(sf,0,i,0.4,i)                # 绘制 y 轴刻度

screensize(500,500)
tracer(False)
z=zb(-100,-100,50)      # 建立一个 zb 实例 z，原点位于 (150,350)，每单位 50 像素
z.draw()                                # 绘制坐标轴及刻度
z.moveto(-2,2.5)                        # 移动到曲线起点
for i in range(-200,500):
    x=i/100
    z.lineto(x,(x-1)*(x-1)/2-2)         # 绘制曲线
z.outtextxy(2,5,"y = — (x-1)  -2",25)   # 标记函数公式
z.outtextxy(3.3,5.5,"1",25)
z.outtextxy(3.3,4.5,"2",25)
z.outtextxy(5.2,5.3,"2",15)
hideturtle()
```

运行结果

与 C/C++ 相同。

本章要点

● 类、类变量和类函数的概念和用法。

练习 15　绘制正弦曲线

任务描述

绘制平面直角坐标系及函数 $y=\sin x$ 所代表的正弦曲线，如图 15-3 所示。

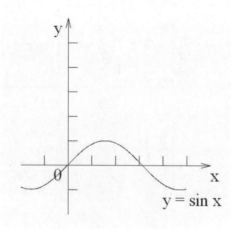

图 15-3

第 16 章

动画绘制

同学，你在科学课上是否学到过电影的原理，或者在百科读物中看到过？那么，你应该知道，动画无非就是一幅幅静止画面以很小的固定时间间隔依次显现而已。

在绘制动画时首先需要考虑两点，一是动画活动部分的绘制，二是时间间隔的控制。

下面先来看实例。

例 16.1　时钟

任务描述

绘制一个带有时针、分针、秒针并按计算机系统时间运行的时钟。

程序代码如下。

`C++`　　　`EGE`

源程序

```cpp
#include <graphics.h>                          // 包含图形库
#include <cstdio>                              // 包含标准输入输出库
#include <ctime>                               // 包含时间库
#include <cmath>                               // 包含数学计算库

// 自定义函数, 绘制表针, 参数为表针角度 (弧度) 、长度、宽度
void needle(float ang,int l,int w)
{
  int pt[8];                                   // 定义顶点
  pt[0]=300+l*cos(ang);
  pt[1]=300-l*sin(ang);
  pt[2]=300+w*sin(ang)/2;
  pt[3]=300+w*cos(ang)/2;
  pt[4]=300-l*cos(ang)/4;
  pt[5]=300+l*sin(ang)/4;
  pt[6]=300-w*sin(ang)/2;
  pt[7]=300-w*cos(ang)/2;
  fillpoly(4, pt);                             // 绘制多边形
}

int main()
{
  initgraph(600,600);
  char str[3];
  long hs,ms,ss;
  // 定义变量, 分别用于存储自 12 时后的秒数、本小时内的秒数、本分钟内的秒数
  float ha,ma,sa;                              // 定义变量, 用于存储时、分、秒针角度
  time_t ts;                                   // 定义时间变量
  setbkcolor(WHITE);
  setcolor(BLACK);
  setfillcolor(WHITE);
  setfont(60,0,"Times New Roman");             // 设置字号、字体
  settextjustify(CENTER_TEXT,CENTER_TEXT);     // 设置字体中心对齐
```

```
     for(int i=1;i<=12;i++)                      // 绘制数字 1 ~ 12
     {
          float ang=(3-i)*PI/6;
          sprintf(str,"%d",i);
          outtextxy(300+240*cos(ang),300-240*sin(ang),str);
     }
     for(int i=0;i<60;i++)                        // 绘制 60 处刻度线
     {
          float ang=i*PI/30;
          line(300+280*cos(ang),300+280*sin(ang),

                 300+270*cos(ang),300+270*sin(ang));
     }
     circle(300,300,280);                         // 绘制表盘
     while(!kbhit())                              // 建立循环，当有键盘输入时结束
     {
          ts=time(&ts);                           // 获取当前系统时间（见程序注解）
          hs=ts%(3600*12);                        // 计算自 12 时后已经过的秒数
          ms=hs%3600;                             // 计算本小时已经过的秒数
          ss=ms%60;                               // 计算本分钟已经过的秒数
          ha=(-18000-hs)*PI/21600;                // 计算时针角度
          ma=(900-ms)*PI/1800;                    // 计算分针角度
          sa=(15.0-ss)*PI/30;                     // 计算秒针角度
          needle(ha,200,10);                      // 绘制时针
          needle(ma,220,10);                      // 绘制分针
          setcolor(RED);                          // 设置画笔颜色为红色
          needle(sa,240,8);                       // 绘制秒针
          setcolor(BLACK);                        // 设置画笔颜色为黑色
          delay_ms(1000);                         // 延迟 1 秒
     }
     closegraph();
}
```

程序注解

- fillpoly(n,pt[])：填充多边形。n 为多边形顶点数，顶点坐标存在整型数组 pt[] 中。

- sprintf(str,"%d",i)：格式输出到字符串。

此函数与 printf 及 fprintf 函数相似，只是把结果输出到 str 字符串中。

- kbhit()：检测是否有键盘按键按下，是则返回 True，否则返回 False。

- ts=time(&ts)：获取系统时间，结果为自格林威治时间 1970 年 1 月 1 日 0 时至当时的秒数。

- hs=ts%(3600*12)：计算自 12 时后已经过的秒数。

注意，这里的 12 时是格林威治时间，与北京时间相差 8 小时。

- ha=(-18000-hs)*PI/21600：计算时针角度（结果为弧度）。

因为 hs 使用的是格林威治时间，在计算时针角度时需要考虑与北京时间的时差。

- delay_ms(n)：平均延迟 n 毫秒。

延迟时间是从上一次执行此函数算起的。本例中设为 1000 毫秒，即 1 秒。因为 time 函数不能提供比 1 秒更精确的时间，1 秒重绘一次也就够了。

运行结果

运行结果如图 16-1 所示。

图 16-1

是不是有很大的问题？原因是我们重绘表针时，表针原有的痕迹还留在上面。解决的方法是：每次重绘表针之前，先清除上一次绘制的表针。

但是因为运动的表针和静止的表盘文字间有重叠，所以表盘也需要每次重画。

经修改的原程序如下（其中粗斜体字为修改部分）。

```cpp
#include <graphics.h>
#include <cstdio>
#include <ctime>
#include <cmath>

void needle(float ang,int l,int w)
{
  int pt[8];
  pt[0]=300+l*cos(ang);
  pt[1]=300-l*sin(ang);
  pt[2]=300+w*sin(ang)/2;
  pt[3]=300+w*cos(ang)/2;
  pt[4]=300-l*cos(ang)/4;
  pt[5]=300+l*sin(ang)/4;
  pt[6]=300-w*sin(ang)/2;
  pt[7]=300-w*cos(ang)/2;
  fillpoly(4, pt);
}

int main()
{
  initgraph(600,600);
  char str[3];
  long hs,ms,ss;
  float ha,ma,sa;
  setbkcolor(WHITE);
  setcolor(BLACK);
  setfillcolor(WHITE);
  setfont(60,0,"Times New Roman");
  settextjustify(CENTER_TEXT,CENTER_TEXT);
  time_t ts;
```

```
while(!kbhit())
{
        ts=time(&ts);
        hs=ts%(3600*12);
        ms=hs%3600;
        ss=ms%60;
        ha=(-18000-hs)*PI/21600;
        ma=(900-ms)*PI/1800;
        sa=(15.0-ss)*PI/30;
        cleardevice();                  // 清除画面
        for(int i=1;i<=12;i++)          // 重绘表盘的部分，移到循环之内
        {
                float ang=(3-i)*PI/6;
                sprintf(str,"%d",i);
                outtextxy(300+240*cos(ang),300-240*sin(ang),str);
        }
        for(int i=0;i<60;i++)
        {
                float ang=i*PI/30;
                line(300+280*cos(ang),300+280*sin(ang),
                        300+270*cos(ang),300+270*sin(ang));
        }
        circle(300,300,280);
        needle(ha,200,10);
        needle(ma,220,10);
        setcolor(RED);
        needle(sa,240,8);
        setcolor(BLACK);
        delay_ms(1000);
}
closegraph();
}
```

程序注解

- cleardevice()：清除画面（只保留背景色）。

运行结果

运行结果如图 16-2 所示。

图 16-2

现在来看运行结果，多看几秒，是不是感到时钟偶尔在闪烁？这是因为清除屏幕以及绘制图形都需要时间，尽管这个时间很短，但却是目视可见的。所以，很多编程软件都会采用这样的办法——在内存中设置一个不可见的绘图区域，先在其上面绘图，然后再将画好的图剪贴到绘图窗口。这样就看不到清除和绘制的过程，自然也就不会感到闪烁了。

下面看修改的程序（其中粗斜体字为修改部分）。

```cpp
#include <graphics.h>
#include <cstdio>
#include <ctime>
#include <cmath>

void needle(float ang,int l,int w)
{
  int pt[8];
  pt[0]=300+l*cos(ang);
  pt[1]=300-l*sin(ang);
  pt[2]=300+w*sin(ang)/2;
  pt[3]=300+w*cos(ang)/2;
  pt[4]=300-l*cos(ang)/4;
  pt[5]=300+l*sin(ang)/4;
  pt[6]=300-w*sin(ang)/2;
  pt[7]=300-w*cos(ang)/2;
  fillpoly(4, pt);
}

int main()
{
  initgraph(600,600);
  char str[3];
  long hs,ms,ss;
  float ha,ma,sa;
  PIMAGE img=newimage();               // 设置一个新绘图对象 img
  getimage(img,0,0,600,600);           // 将当前绘图窗口图像剪贴到 img 中
  settarget(img);                      // 设置当前绘图对象为 img
  // 此后图形均绘制至 img 中
  setbkcolor(WHITE);
  setcolor(BLACK);
  setfillcolor(WHITE);
  setfont(60,0,"Times New Roman");
  settextjustify(CENTER_TEXT,CENTER_TEXT);
  time_t ts;
  while(!kbhit())
  {
        ts=time(&ts);
        hs=ts%(3600*12);
        ms=hs%3600;
        ss=ms%60;
        ha=(-18000-hs)*PI/21600;
        ma=(900-ms)*PI/1800;
        sa=(15.0-ss)*PI/30;
        cleardevice(img);              // 清除 img 中的画面
        for(int i=1;i<=12;i++)
        {
                float ang=(3-i)*PI/6;
                sprintf(str,"%d",i);
                outtextxy(300+240*cos(ang),300-240*sin(ang),str);
        }
```

```
            for(int i=0;i<60;i++)
            {
                    float ang=i*PI/30;
                    line(300+280*cos(ang),300+280*sin(ang),
                            300+270*cos(ang),300+270*sin(ang));
            }
            circle(300,300,280);
            needle(ha,200,10);
            needle(ma,220,10);
            setcolor(RED);
            needle(sa,240,8);
            settarget(NULL);                    // 设置当前绘图对象为绘图窗口
            putimage(0,0,img);                  // 将 img 粘贴到绘图窗口
            settarget(img);                     // 设置当前绘图对象为 img
            setcolor(BLACK);
            delay_ms(1000);
        }
    delimage(img);
    closegraph();
}
```

程序注解

- PIMAGE im=newimage()：建立一个新绘图对象 im。

PIMAGE 是 EGE 中定义的绘图对象类指针。

- getimage(im,x0,y0,x1,y1)：将当前绘图对象部分图像剪贴到绘图对象 im 中。

参数 x0、y0、x1、y1 为需要剪贴部分在当前绘图对象中左上角和右下角的坐标。

程序中使用该函数的作用是，虽然通过 newimage 函数建立了一个新绘图对象 im，但这个绘图对象并没有实际的绘图区域，因而也无法在上面绘图，所以就把当前绘图窗口图像（还未绘制任何图形）剪贴过去，这样即可在上面绘图了。

- settarget(im)：设置当前活动绘图对象为 im。

参数为绘图对象指针。NULL 表示绘图窗口。

- putimage(x0,y0,img)：将绘图对象 im 粘贴到当前活动绘图对象中。

Python

前面说过，turtle 本身就是一个动画模块，在动画显示方面其应该有更多的办法。

在前面绘制静态画面的例子中，都是利用画笔（海龟）移动时留下的路径，而画笔本身是隐藏的。而 turtle 本身的动画制作，一般是将画笔设置成一定的形状，作为活动物体，在背景中运动。

下面看具体程序。

源程序

```
from turtle import *                          # 引入 turtle 绘图模块
from time import *                            # 引入时间模块

# 自定义函数，制作表针，参数为表针名称，长度，宽度
```

```python
def make_needle(name,l,w):
    reset()
    backward(l/4)
    begin_poly()                                   # 开始记录多边形
    goto(0,-w/2)
    goto(l,0)
    goto(0,w/2)
    end_poly()                                     # 记录结束
    ndle=get_poly()                                # 取得多边形，赋值给 ndle
    register_shape(name,ndle)                      # 注册形状 ndle，名称为 name

def tick():                                        # 自定义函数，表针移动
    ts=time()                                      # 获取当前系统时间（见程序注解）
    hs=ts%(3600*12)                                # 计算自 12 时后已经过的秒数
    ms=hs%3600                                     # 计算本小时已经过的秒数
    ss=ms%60                                       # 计算本分钟已经过的秒数
    ha=(-7200-hs)/120                              # 计算时针角度 ha
    ma=(1800-ms)/10                                # 计算分针角度 ma
    sa=(30-ss)*6                                   # 计算秒针角度 sa
    hn.setheading(ha)                              # 改变画笔 hn（时针）指向为 ha
    mn.setheading(ma)                              # 改变画笔 hn（分针）指向为 ha
    sn.setheading(sa)                              # 改变画笔 hn（秒针）指向为 ha
    update()                                       # 更新图形
    ontimer(tick,100)                              # 在 100 毫秒后递归调用本函数

screensize(600,600)
tracer(False)
make_needle('nhn',200,10)                          # 制作时针
make_needle('nmn',220,10)                          # 制作分针
make_needle('nsn',240,8)                           # 制作秒针
hn=Turtle()                                        # 新建一个画笔（或称海龟）hn
hn.shape('nhn')                                    # 将 hn 形状设置成时针
mn=Turtle()                                        # 新建一个画笔 mn
mn.shape('nmn')                                    # 将 mn 形状设置成分针
sn=Turtle()                                        # 新建一个画笔 sn
sn.shape('nsn')                                    # 将 sn 形状设置成秒针
for nd in hn,mn,sn:                                # nd 在三个画笔之间循环
    nd.fillcolor('white')                          # nd 填充色为白色
    nd.speed(0)
sn.pencolor('RED')                                 # 秒针画笔设为红色
reset()                                            # 重置，清空绘图窗口
penup()
goto(0,-280)
pendown()
circle(280)                                        # 绘制表盘
left(90)
for i in range(1,13):                              # 绘制数字 1～12
    penup()
    goto(0,-30)
    right(30)
    forward(240)
    pendown()
    write(str(i),align="center",font=("Times New Roman",40,'normal'))
for i in range(0,60):                              # 绘制 60 处刻度线
    penup()
    goto(0,0)
    right(6)
    forward(270)
    pendown()
```

```
    forward(10)
penup()
tick()                              # 使表针移动
hideturtle()
```

程序注解

- ndle=get_poly()：取得多边形，赋值给 ndle。

多边形由 begin_poly 到 end_poly 之间的语句生成。

- register_shape(name,ndle)：注册形状 ndle，名称为 name。

后续可以将画笔（海龟）指定为这个形状。

- ts=time()：获取系统时间，结果为自格林威治时间 1970 年 1 月 1 日 0 时至当时的秒数。

该结果为浮点数，可包含 6 位小数，即精确到 1 微秒。

Python 中的 time 函数虽然能够给出精确到微秒的数值，但这不意味着它真能精确到微秒。这取决于操作系统函数的精度，一般为十几毫秒。

就是说，虽然给出 6 位小数，但只有前面的一两位是可信的。

- hs=ts%(3600*12)：计算自 12 时后已经过的秒数。

注意，这里的 12 时是格林威治时间，与北京时间相差 8 小时。

- ha=(-7200-hs)/120：计算时针角度。

因为 hs 使用的是格林威治时间，在计算时针角度时需要考虑与北京时间的时差。

- hn.setheading(ha)：改变画笔 hn 指向为 ha（角度）。

前面的 make_needle 自定义函数已经将 0°预设为表针向右。

- update()：更新画面。

为了避免动画闪烁，前面已经设置 tracer(False) 关闭动画跟踪，隐藏了绘制过程。此处就需要调用 update 函数显示绘制的结果。

- ontimer(tick,100)：计时器消息处理函数，让操作系统在 100 毫秒后发出一个计时器消息，并递归调用 tick 函数。

以函数名为参数，是消息处理函数的通用方式。

- hn=Turtle()：新建一个画笔（或称海龟），赋值给 hn。

- hn.shape('nhn')：将 hn 设置成已注册的 'nhn' 形状（时针）。

- reset()：重置，清空绘图窗口。

目的是擦除制作表针时的绘图痕迹。

运行结果

与 C/C++ 相似（秒针间隔为 0.1 秒）。

例 16.2　游动的金鱼

任务描述

在背景图前，让一条金鱼向右上方 45°运动。如果碰到背景边缘，则转向 90°继续在背景图内运动。如果金鱼向右运动，则头部向右；如果金鱼向左运动，则头部向左，如图 16-3 所示。

图 16-3

本例至少需要准备一张背景图片和两张前景（金鱼）图片，如图 16-4 所示。

back.gif　　　　　　　　　fish.gif　　　　　　　fishl.gif

图 16-4

两张前景（金鱼）图片，一张头部向右，一张头部向左，均为背景透明的图片。

Python turtle 只能接受 gif 格式的透明图片。EGE 可接受 gif、jpg、png 等多种图片格式，但不能显示透明 gif 图片（透明部分显示为黑色），需要另外的蒙版图片来显示透明效果，如图 16-5 所示。

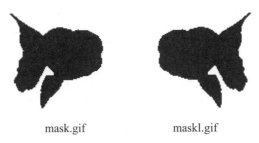

mask.gif　　　　　maskl.gif

图 16-5

下面来看程序代码。

源程序

```cpp
#include <graphics.h>

int main()
{
  initgraph(800,600);
  PIMAGE bg = newimage();                    // 建立背景图像
  getimage(bg, "back.gif");
  PIMAGE fg = newimage();                    // 建立金鱼图像（头向右）
  getimage(fg, "fish.gif");
  PIMAGE mk = newimage();                    // 建立金鱼图像模版（头向右）
  getimage(mk, "mask.gif");
  PIMAGE fgl = newimage();                   // 建立金鱼图像（头向左）
  getimage(fgl, "fishl.gif");
  PIMAGE mkl = newimage();                   // 建立金鱼图像蒙版（头向左）
  getimage(mkl, "maskl.gif");
  PIMAGE tm = newimage();                    // 建立绘图临时画布
  int x=400,y=300,xx=1,yy=-1;                // 金鱼坐标和运动方向标记
  int tw=1;
  while(!kbhit())
  {
        settarget(bg);
        getimage(tm,0,0,800,600);            // 将背景图贴在临时画布上
        settarget(tm);
        putimage(x-50,y-50,tw?mk:mkl,SRCAND);      // 贴蒙版图
        putimage(x-50,y-50,tw?fg:fgl,SRCPAINT);    // 贴金鱼图
        settarget(NULL);
        putimage(0,0,tm);                    // 将临时画布图像贴在绘图窗口上
        if(x<=50||x>=750)                    // 如果金鱼超出背景边界则改变运动方向
                xx*=-1;
        if(y<=50||y>=550)
                yy*=-1;
        x+=xx;
```

```
            y+=yy;
            if(xx>0)
                    tw=1;
            if(xx<0)
                    tw=0;
            delay_ms(5);
    }
    getch();
    delimage(bg);
    delimage(fg);
    delimage(mk);
    delimage(fgl);
    delimage(mkl);
    delimage(tm);
    closegraph();
}
```

程序注解

- getimage(bg, "back.gif")：将图片 back.gif 贴到绘图对象 bg 处。
- putimage(x-50,y-50,tw?mk:mkl,SRCAND)：

如果 tw 为真，则贴 mk 图像；如果 tw 为假，则贴 mkl 图像。

SRCAND 贴图模式为源图像与目标图像像素求与（AND）运算。

SRCPAINT 贴图模式为源图像与目标图像像素求或（OR）运算。

运行结果

运行结果如图 16-6 所示。

图 16-6

turtle 中，可以将金鱼图片直接设为画笔形状，这样就不必像 EGE 需要绘出金鱼行进过程中的每一帧图像，只需要计算出画笔移动的终点，让其自行运动过去即可。

源程序

```
from turtle import *

def kf():                               # 自定义函数，用于处理键盘消息
    global n
    n=0                                 # 全局变量 n=0

screensize(800,600)
bgpic('back.gif')                       # 设置背景图片
register_shape('fish.gif')              # 注册图片 fish.gif
register_shape('fishl.gif')             # 注册图片 fishl.gif
shape('fish.gif')                       # 将画笔形状设置为图片 fish.gif
speed(1)                                # 设置移动速度为 1（最慢）
penup()                                 # 抬笔
n=1
onkeypress(kf,None)                     # 键盘消息处理函数为 k
listen()                                # 监听键盘
x=0                                     # 以 x、y 为画笔坐标
y=0
xx=1                                    # 以 xx、yy 标记运动方向
yy=1
while n:
    while abs(x)<350 and abs(y)<250:    # 求出画笔与背景边缘碰撞点坐标
        x+=xx
        y+=yy
    goto(x,y)                           # 移动到碰撞点
    if abs(x)>=350:                     # 如果碰到左 / 右侧边缘更改 x 方向
        xx*=-1
    if abs(y)>=250:                     # 如果碰到上 / 下侧边缘更改 y 方向
        yy*=-1
    x+=xx                               # 将画笔移回背景边界内
    y+=yy
    if(xx>0):                           # 如果 xx>0
        shape('fish.gif')              # 画笔形状设置为图片 fish.gif
    if(xx<0):                           # 如果 xx<0
        shape('fishl.gif')            # 画笔形状设置为图片 fishl.gif
bye()                                   # 退出程序
```

程序注解

● onkeypress(kf,ky)：设置键盘消息处理函数

当按下键盘上的 ky 键时，调用自定义函数 kf。ky 为 None，表示按下任意键。

此函数必须配合使用 listen 函数，调用此函数后程序运行到任意语句时按下 ky 键都会执行 kf 函数。

运行结果

与 C/C++ 相同。

本章要点

- 动画绘制的时间控制。
- 避免动画闪烁的方法。
- 动画的中止。

练习 16　移动的橘猫

任务描述

参考例 16.2，让练习 9.2 中的橘猫在窗口中移动。

Python

语句提示

get_poly 函数只能获取一个单一的多边形，而橘猫是一个由多个颜色不同的多边形构成的复合形状。如果要将一个复合形状设置为画笔，需要使用辅助类 Shape。一般方法如下。

```
begin_poly()
……
end_poly()
p1=get_poly()                          # 获取多边形 p1
……
begin_poly()
……
end_poly()
p2=get_poly()                          # 获取多边形 p2
sh=Shape('compound')                   # 创建复合形状 sh
sh.addcomponent(p1,'red','black')      # 添加 p1，填充红色，边界黑色
sh.addcomponent(p2,'blue','black')     # 添加 p2，填充蓝色，边界黑色
register_shape('sp',sh)                # 注册形状 sh 为 'sp'
shape('sp')                            # 设置画笔形状为 'sp'
……
```

第 17 章

键盘和鼠标控制

本章学习使用键盘和鼠标对程序运行进行控制的方法，我们仍以第 16 章中游动的金鱼为例。

例 17.1 键盘驱动的金鱼

任务描述

使用键盘上的上、下、左、右及 Home、End、PgUp、PgDn 8 个按键控制背景图前的金鱼向 8 个方向运动。如果金鱼向右运动，则头部向右，如图 17-1 所示。如果金鱼向左运动，则头部向左。如果金鱼向上、下运动，头部朝向不变。按 Esc 键退出程序。

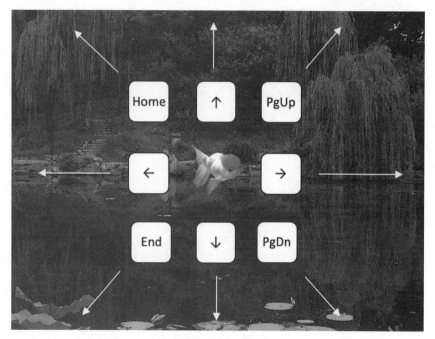

图 17-1

这个程序可以在例 16.2 程序的基础上进行修改，请看程序代码。

源程序（其中粗斜体字为与例 16.2 程序不同的部分）

```
#include <graphics.h>

int main()
{
  initgraph(800,600);
  PIMAGE bg = newimage();
  getimage(bg, "back.gif");
  PIMAGE fg = newimage();
```

```
getimage(fg, "fish.gif");
PIMAGE mk = newimage();
getimage(mk, "mask.gif");
PIMAGE fgl = newimage();
getimage(fgl, "fishl.gif");
PIMAGE mkl = newimage();
getimage(mkl, "maskl.gif");
PIMAGE tm = newimage();
int x=400,y=300,xx,yy;
int ky,tw=1;
do
{
        settarget(bg);
        getimage(tm,0,0,800,600);
        settarget(tm);
        putimage(x-50,y-50,tw?mk:mkl,SRCAND);
        putimage(x-50,y-50,tw?fg:fgl,SRCPAINT);
        settarget(NULL);
        putimage(0,0,tm);
        xx=0;yy=0;                              // 方向标记清零
        ky=getch();                             // 获取按键值
        switch(ky)
        {
        case 289:                               //PgUp 键, 向右上方
                xx=2;
                yy=-2;
                break;
        case 290:                               //PgDn 键, 向右下方
                xx=2;
                yy=2;
                break;
        case 291:                               //End 键, 向左下方
                xx=-2;
                yy=2;
                break;
        case 292:                               //Home 键, 向左上方
                xx=-2;
                yy=-2;
                break;
        case 293:                               // 左箭头键, 向左方
                xx=-2;
                break;
        case 294:                               // 上箭头键, 向上方
                yy=-2;
                break;
        case 295:                               // 右箭头键, 向右方
                xx=2;
                break;
        case 296:                               // 下箭头键, 向下方
                yy=2;
                break;
        }
        x+=xx;
        y+=yy;
        if(xx>0)
                tw=1;
        if(xx<0)
                tw=0;
}
```

```
    while(ky!=27);                              //Esc 键，退出循环
    delimage(bg);
    delimage(fg);
    delimage(mk);
    delimage(fgl);
    delimage(mkl);
    delimage(tm);
    closegraph();
}
```

程序注解

- ky=getch()：获取按键值。

注意，这里 ky 定义为整型变量，而不是字符型。如果按下的是字母或者数字，返回的是字符的 ASCII 码（0 ~ 127）。

如果是扩展键，则返回值大于 255。

Python

源程序（其中粗斜体字为与例 16.2 程序不同的部分）

```
from turtle import *

# 定义 8 个方向按键及 Esc 键的处理函数
def lt():
    global xx
    xx=-2

def rt():
    global xx
    xx=2

def up():
    global yy
    yy=2

def dn():
    global yy
    yy=-2

def hm():
    lt()
    up()

def en():
    lt()
    dn()

def pp():
    rt()
    up()

def pn():
```

```
    rt()
    dn()

def ec():
    global n
    n=0

screensize(800,600)
bgpic('back.gif')
register_shape('fish.gif')
register_shape('fishl.gif')
shape('fish.gif')
penup()
# 设置 8 个方向按键及 Esc 键的消息处理函数
onkeypress(lt,'Left')
onkeypress(rt,'Right')
onkeypress(up,'Up')
onkeypress(dn,'Down')
onkeypress(hm,'Home')
onkeypress(en,'End')
onkeypress(pp,'Prior')              # PgUp 键
onkeypress(pn,'Next')               # PgDn 键
onkeypress(ec,'Escape')             # Esc 键
listen()                            # 监听键盘
n=1
x=0
y=0
xx=0
yy=0
while n:
    goto(x,y)
    if(xx>0):
        shape('fish.gif')
    if(xx<0):
        shape('fishl.gif')
    x+=xx
    y+=yy
    xx=0
    yy=0
bye()
```

例 17.2　鼠标驱动的金鱼

任务描述

在绘图窗口内单击，则金鱼朝向单击处直线运动（见图17-2）。如果金鱼向左运动，则头部向左。如果金鱼向上、下运动，头部朝向不变。右击退出程序。

图 17-2

下面看源程序代码。

C++   EGE

算法分析

本例的难点在于：

- **循环嵌套**

金鱼从当前点移动到目标点需要一个多帧绘制过程，这个过程需要一个不被打扰的循环过程。在到达目标点后，既需要等待鼠标按键消息，又需要一个循环过程。

本例中仍以连续绘制图像为外循环，将获取鼠标消息嵌入其中。

- **如何让金鱼的运动轨迹呈直线**

贴图位置坐标以像素为单位，均为整数。那么，除了上、下、左、右及 45°方向的任意一条直线路径，实际上都是折线。

本例中使用浮点数计算目标点与当前点之间的坐标差并计算每步的步长，最后在计算坐标点时折算成整数用于贴图。

源程序（其中粗斜体字为与例 17.1 程序不同的部分）

```
#include <graphics.h>
#include <iostream>
using namespace std;
```

```
int main()
{
   initgraph(800,600);
   PIMAGE bg = newimage();
   getimage(bg, "back.gif");
   PIMAGE fg = newimage();
   getimage(fg, "fish.gif");
   PIMAGE mk = newimage();
   getimage(mk, "mask.gif");
   PIMAGE fgl = newimage();
   getimage(fgl, "fishl.gif");
   PIMAGE mkl = newimage();
   getimage(mkl, "maskl.gif");
   PIMAGE tm = newimage();
   int x=400,y=300,xd=x,yd=y;
   float xf=x,yf=y,xs=0,ys=0;                    // 用于计算直线路径
   int tw=1;
   mouse_msg ms={0};                             // 定义鼠标消息变量
   do
   {
        settarget(bg);
        getimage(tm,0,0,800,600);
        settarget(tm);
        putimage(x-50,y-50,tw?mk:mkl,SRCAND);
        putimage(x-50,y-50,tw?fg:fgl,SRCPAINT);
        settarget(NULL);
        putimage(0,0,tm);
        if(abs(x-xd)+abs(y-yd)<2)                // 当金鱼接近目标点时等待鼠标消息
        {
             do
             {
                  ms=getmouse();
             }
             while(!ms.is_down());               // 当鼠标按键按下时获取鼠标消息
             xd=ms.x;                             // 获取目标坐标
             yd=ms.y;
             xf=x;
             yf=y;
             float ll=max(abs(xd-x),abs(yd-y));
             xs=2*(xd-x)/ll;                      // 计算每步移动步长（浮点数）
             ys=2*(yd-y)/ll;
             if(xs>0)                             // 确定金鱼头部朝向
                     tw=1;
             if(xs<0)
                     tw=0;
        }
        xf+=xs;
        yf+=ys;
        x=xf;
        y=yf;
        delay_ms(5);
   }
   while (!ms.is_right());
   delimage(bg);
   delimage(fg);
   delimage(mk);
   delimage(fgl);
   delimage(mkl);
   delimage(tm);
```

```
    closegraph();
}
```

程序注解

- if(abs(x-xd)+abs(y-yd)<2)：当前坐标点与目标坐标点之差的绝对值之和小于 2。

  因为浮点计算可能有误差，所以这里没有以当前点与目标点重合为条件。

  abs(a)：求 a 的绝对值。

  max(a,b)：求 a、b 的较大值。

- ms.is_down()：鼠标消息类函数，检测鼠标按键是否按下。

- ms.is_right()：鼠标消息类函数，检测是否为右键消息。

Python

在 turtle 中，这个程序极其简单。只需获取左键按下时的鼠标坐标值，让画笔直接运动到那里即可。

源程序（其中粗斜体字为与例 17.1 程序不同的部分）

```
from turtle import *

def clk(x,y):                      # 自定义左键处理函数，参数为鼠标光标处坐标
    global xd,yd
    xd=x
    yd=y

def ec(x,y):                       # 自定义右键处理函数
    global n
    n=0

screensize(800,600)
speed(1)
bgpic('back.gif')
register_shape('fish.gif')
register_shape('fishl.gif')
shape('fish.gif')
penup()
onscreenclick(clk)                 # 设置左键处理函数
onscreenclick(ec,3)                # 设置右键处理函数
xd=0
yd=0
n=1
while n:
    if xd>xcor():                  # 如果目标 x 坐标大于当前画笔 x 坐标，则金鱼头向右
        shape('fish.gif')
    if xd<xcor():                  # 如果目标 x 坐标小于当前画笔 x 坐标，则金鱼头向左
        shape('fishl.gif')
    delay(10)
    goto(xd,yd)
bye()
```

程序注解

- onscreenclick(func,n)：设置鼠标第 n 个按键的处理函数为 func。

n 值默认为 1，左键；2 为中键；3 为右键。

讨论

如果在金鱼移动过程中单击，会发生什么？大家可以实测一下。针对本例的程序，金鱼会在第一次移动到位后再移动到单击位置。

如果多次单击呢？EGE 程序和 turtle 程序运行结果会有所不同。

EGE 程序中，金鱼会一个接一个地移向每一个单击处，因为程序会预先接收每一个鼠标消息，供 getmouse 函数调用。

turtle 程序中，金鱼在第一次移动到位后，移向鼠标最后一次单击的位置，因为此程序中鼠标每次单击的消息都已传回程序，而画笔的移动是按照最后一个位置进行的。

本章要点

- 键盘控制的方法。
- 鼠标控制的方法。
- 直线路径的计算。

练习 17　鼠标控制的橘猫

参考例 17.2，用鼠标控制橘猫的移动。

第 18 章

Windows 程序

本章学习 Windows 应用程序的编写方法。

难道前面我们所编的程序都不是 Windows 程序？

对于 C/C++ 来讲，还真是这样。我们最初所编写的输出到控制台（DOS）窗口的程序，只能叫控制台应用程序。EGE 程序虽然是 Windows 应用程序，但是经过了 EGE 的封装，只能使用一个图形输出窗口。由于窗口使用的是控制台程序的语法格式，也不具备 Windows 常用的交互界面和功能，因此并不能算是真正意义上的 Windows 应用程序。

对于 Python 来讲，因为本身是一种解释型语言，并不生成应用程序，所以并无是否是 Windows 应用程序的问题，只是因为引入模块和调用函数的不同，分别呈现出命令行窗口输出、图形窗口输出和多窗口 / 对话框输出的不同形式。

Windows 编程不是本书的重点。因为无论是 C/C++ Windows API、MFC 还是 Python 的 tkinter，都需要单独编写比本书更厚的一本书，才能够说清其基本操作方法。本章只是先简要介绍一下基本原理和用法，点到为止。

下面先看实例。

例 18.1　Hello World（Windows 版）

任务描述

在 Windows 窗口中显示 Hello World！

C/C++

C/C++ Windows 源程序都比较长且形式烦琐，不过好在无论是 VS C++ 还是 Dec-C++ 的向导都提供了相应的应用程序向导和模板，可以帮我们创建大部分统一格式的语句。VS C++ 创建的 Windows API 程序会比 Dev C++ 复杂一些。

以下以 Dev C++ 为例。

执行"文件"→"新建"→"项目"命令，弹出"新项目"对话框，如图 18-1 所示。

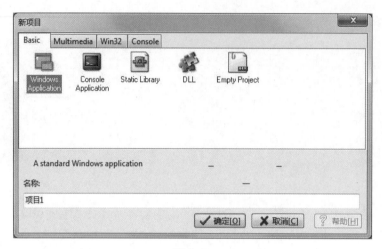

图 18-1

选择 Basic 选项卡中的 Windows Application 选项，在下方的"名称"文本框中填写项目名称，单击"确定"按钮。

编程环境会自动生成 Windows 源程序，可以在其基础上进行修改。

以下为修改后的程序。

源程序（斜体字部分系为程序向导自动生成，正体字为修改或添加的代码）

```
#include <windows.h>

LRESULT CALLBACK WndProc(HWND hwnd,
    UINT Message, WPARAM wParam, LPARAM lParam)              // 消息处理函数
{
    PAINTSTRUCT ps;
    HDC hdc;
    switch(Message)
    {
        case WM_PAINT:                                       // 窗口绘图消息
            hdc = BeginPaint(hwnd, &ps);
            TextOut(hdc,100,100,"Hello World!",12);
            EndPaint(hwnd, &ps);
            break;
        case WM_DESTROY:                                    // 窗口关闭消息
            PostQuitMessage(0);
            break;
        default:                                        // 其他消息使用默认窗口处理函数
            return DefWindowProc(hwnd, Message, wParam, lParam);
    }
    return 0;
}

int WINAPI WinMain(HINSTANCE hInstance,
    HINSTANCE hPrevInstance, LPSTR lpCmdLine, int nCmdShow)    // 主函数
{
    WNDCLASSEX wc;                                              // 窗口类变量
    HWND hwnd;                                                  // 窗口句柄
    MSG msg;                                                    // 消息变量
```

```
// 设置窗口类型
memset(&wc,0,sizeof(wc));
wc.cbSize            = sizeof(WNDCLASSEX);
wc.lpfnWndProc  = WndProc;                          // 设置窗口处理函数
wc.hInstance      = hInstance;
wc.hCursor          = LoadCursor(NULL, IDC_ARROW);
wc.hbrBackground = (HBRUSH)(COLOR_WINDOW+1);
wc.lpszClassName = "WindowClass";
wc.hIcon            = LoadIcon(NULL, IDI_APPLICATION);
wc.hIconSm        = LoadIcon(NULL, IDI_APPLICATION);

if(!RegisterClassEx(&wc))                            // 注册窗口类
{
        MessageBox(NULL, "Window Registration Failed!","Error!",
            MB_ICONEXCLAMATION|MB_OK);               // 注册不成功所显示的对话框
        return 0;
}

hwnd = CreateWindowEx(WS_EX_CLIENTEDGE,            // 创建窗口
        "WindowClass",
        "Hello",                                     // 窗口标题
        WS_VISIBLE|WS_OVERLAPPEDWINDOW,
        CW_USEDEFAULT,CW_USEDEFAULT,640,480,
        NULL,NULL,hInstance,NULL);

if(hwnd == NULL)
{
        MessageBox(NULL, "Window Creation Failed!","Error!",
            MB_ICONEXCLAMATION|MB_OK);          // 创建窗口不成功所显示的对话框
        return 0;
}

                                                     // 建立消息循环
while(GetMessage(&msg, NULL, 0, 0) > 0)             // 获取消息
{
        TranslateMessage(&msg);                      // 翻译消息
        DispatchMessage(&msg);                       // 将消息传送给 Windows 系统
}
return msg.wParam;
}
```

以上程序包含两个函数——主函数 WinMain() 和消息处理函数 WinProc()。

WinMain() 中一般包含：设置窗口类型并注册窗口类、创建窗口、建立消息循环的内容；Win-Proc() 则针对特定的消息进行用户设定的操作。对于其他消息，则按 Windows 默认的消息处理方式进行。

消息驱动

注意，与控制台应用程序中所有函数都由 main 函数直接或间接调用不同，WinMain 函数与 WinProc 函数并不是直接调用的关系。

Windows 应用程序采用消息驱动的工作模式，由 WinMain 函数将获取的窗口消息传给 Windows 系统，再由系统根据消息的不同调用 WinProc 函数，以进行进一步的操作。

运行结果

运行结果如图 18-2 所示。

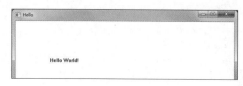

图 18-2

C++　　MFC

MFC 全称是 Microsoft Foundation Classes（意为"微软基础类库"），它以 C++ 类的形式封装 Windows API，以减少应用程序开发人员的工作量。

在 MFC 中，窗口、对话框、按钮、文本框等控件和组件，以及绘图区域、字体、画笔、文件等都被定义为各种各样的 MFC 类，各种操作也都变成使用各种类函数。而主函数 Win-Main()、消息处理函数 WinProc() 等这些格式相对固定的程序段则被封装起来。

MFC 程序需要在 VS 中通过程序向导自动生成。在 VS 中执行"新建"→"项目"命令，弹出如图 18-3 所示的"新建项目"对话框。

图 18-3

在左侧模板中选择 Visual C++ 下的 MFC，在中间部分选择"MFC 应用程序"，在下方输入自拟的项目名称，单击"确定"按钮。

在弹出的"MFC 应用程序向导"对话框中，当出现如图 18-4 所示的界面时，选中"单个文档"单选按钮，取消选中"文档/视图结构支持"和"使用 Unicode 库"复选框，在"视觉样式和颜色"下拉列表中选择"Windows 本机/默认"选项，选中"在静态库中使用 MFC"单选按钮。

图 18-4

　　以上设置出于尽量简化向导生成源程序的目的，所以也可以不这样选择。

　　选择使用 Unicode 库会对中文的使用及很多字符串函数的使用产生限制，最好不用。

　　如果想在一台没有 VS 编程环境的计算机上直接运行应用程序，最好选择在静态库中使用 MFC。否则，可能因为操作系统缺少相应的 DLL 文件（动态链接库）而无法运行。

在所有选项设置完成后，单击"完成"按钮。

软件界面如图 18-5 所示，选择界面左下角的类视图选项卡。

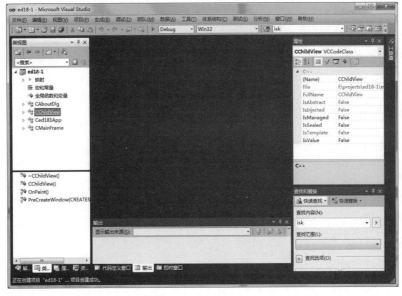

图 18-5

在左侧的类视图中会出现 3 个 MFC 自动生成的类。

（1）C×××App（××× 为项目名称）：执行程序类，负责程序的执行。

（2）CMainFrame：主框架类，主要负责控制程序与外界的信息交换。

（3）CChildView：子视图类，主要负责程序的运行、显示及程序内部消息的处理。

单击类名称会在下方列出该类的成员函数和变量。如果需要对特定的消息进行处理，则会对每个需要处理的消息生成一个单独的类函数，如图 18-6 所示。

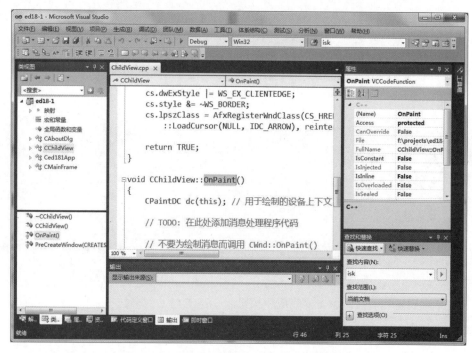

图 18-6

项目建立之后，直接编译运行即可生成一个空窗口。

由于本例只比空窗口多输出一行"Hello World!"，只需要在 CChildView 类下的 OnPaint 函数中相应填写一条语句即可。

源程序（斜体字部分系为向导自动生成）

```cpp
// ChildView.cpp : CChildView 类的实现

#include "stdafx.h"
#include "ts07.h"
#include "ChildView.h"

#ifdef _DEBUG
#define new DEBUG_NEW
#endif

// CChildView
CChildView::CChildView()
{
```

```
}

CChildView::~CChildView()
{
}

BEGIN_MESSAGE_MAP(CChildView, CWnd)
  ON_WM_PAINT()
END_MESSAGE_MAP()

// CChildView 消息处理程序
BOOL CChildView::PreCreateWindow(CREATESTRUCT& cs)
{
  if (!CWnd::PreCreateWindow(cs))
        return FALSE;

  cs.dwExStyle |= WS_EX_CLIENTEDGE;
  cs.style &= ~WS_BORDER;
  cs.lpszClass = AfxRegisterWndClass(CS_HREDRAW|CS_VREDRAW|CS_DBLCLKS,
        ::LoadCursor(NULL, IDC_ARROW),
        reinterpret_cast<HBRUSH>(COLOR_WINDOW+1), NULL);

  return TRUE;
}

void CChildView::OnPaint()
{
  CPaintDC dc(this); // 用于绘制的设备上下文

  // TODO: 在此处添加消息处理程序代码
  dc.TextOut(100,100,"Hello World!");
  // 不要为绘制消息而调用 CWnd::OnPaint()
}
```

程序注解

- CPaintDC dc(this)：取得在本窗口中绘制的设备环境类变量。

CPaintDC 是 MFC 中预定义的绘图设备环境类，继承于 CDC 设备环境类，主要用于在窗口中进行绘制和图像操作。

- CDC::TextOut(x,y,str)：在窗口坐标（x,y）处输出字符串 str。

运行结果

运行结果如图 18-7 所示。

图 18-7

Python

Python 中，可以通过引入 tkinter 模块来进行 Windows 风格程序的构建，这样程序要简洁得多。

源程序

```
from tkinter import *          # 引入 tkinter 模块
w=Tk()                         # 建立一个新窗口 w
w.title('hello')               # 设置窗口标题
w.geometry()                   # 设置窗口大小，此处保持默认
t=Text(w,font=('Arial'))       # 在 w 窗口中加入文本框 t，设置字体
t.insert(1.0,'\n'*5)           # 在文本框中加入 5 个换行符
t.insert(END,"\t\thello World!")  # 在文本框 t 中加入文字
t.pack()                       # 放置文本框
```

程序注解

- geometry('400x300')：设置窗口大小，宽为 400，高为 300。

设置窗口大小的参数是一个字符串，宽、高尺寸以 x 间隔，单位为像素。

- pack()：放置控件。

tkinter 中，所有窗口控件都需要调用该函数才能显现，参数是空间在窗口中的位置。

- mainloop()：显示主窗口并建立消息循环。

早期版本中，这一行是必需的，较新版本中可省略。

运行结果

运行结果如图 18-8 所示。

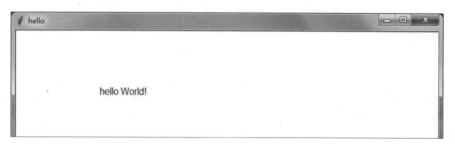

图 18-8

例 18.2　秒表

任务描述

在一个对话框中显示数字秒表，下方设置两个按钮，分别为"计时 / 停止"和"退出"。单击"计时 / 停止"按钮开始计时，再次单击计时停止。

当 MFC 应用程序向导中出现如图 18-9 所示的界面时，选中"基于对话框"单选按钮，取消选中"使用 Unicode 库"复选框，选中"在静态库中使用 MFC"单选按钮。

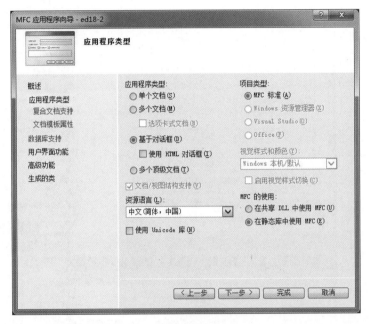

图 18-9

当出现如图 18-10 所示的界面时，取消选中"主框架样式"选项区中的各个复选框。

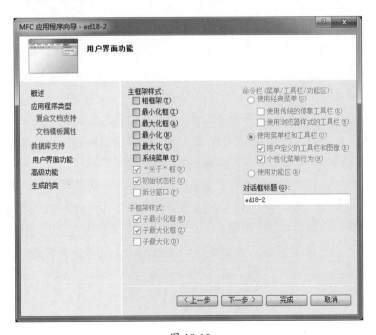

图 18-10

全部设置完成后，单击"完成"按钮。

选择界面左下方的"资源视图"选项卡，查看资源视图，如图 18-11 所示。

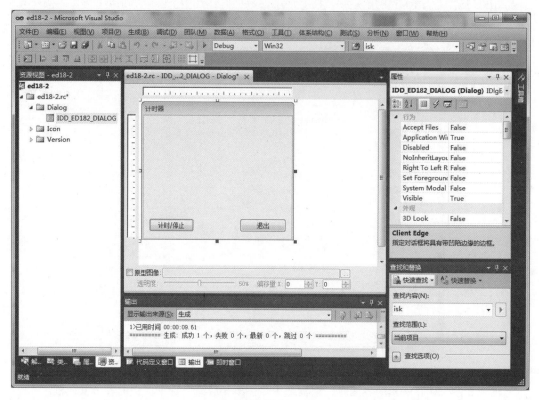

图 18-11

Windows 程序把对话框、菜单、图标等信息都保存在一个资源文件中，可以通过资源视图对其进行直观的编辑。可以在此处将向导自动生成的对话框修改成需要的样子。

删除对话框中间的标签。单击"确定"按钮，在界面右侧的属性栏中将按钮的名称改为"计时 / 停止"，并将其移到对话框左侧。

在本例中，还需要在 CXXXDlg 类中增加成员变量和消息处理函数。

增加成员变量，可以在类视图 CXXXDlg 处右击，在弹出的快捷菜单中选择"添加变量"命令，或者通过类向导添加，也可以在 XXXDlg.h 头文件声明 CXXXDlg 类处直接写入。

自定义类函数，可以在类视图 CXXXDlg 处右击，在弹出的快捷菜单中选择"添加函数"命令，或者通过类向导添加，也可以在 XXXDlg.h 头文件和 XXXDlg.cpp 程序文件中自行写入。

消息处理函数最好使用类向导来添加。

切换到类视图，如图 18-12 所示，在类视图 CXXXDlg 处右击，在弹出的快捷菜单中选择"类向导"命令。

图 18-12

本例中需要对计时器消息（WM_TIMER）进行处理。选择"消息"选项卡，选择消息列表框中的 WM_TIMER 选项，单击右侧的"添加处理程序"按钮，如图 18-13 所示。

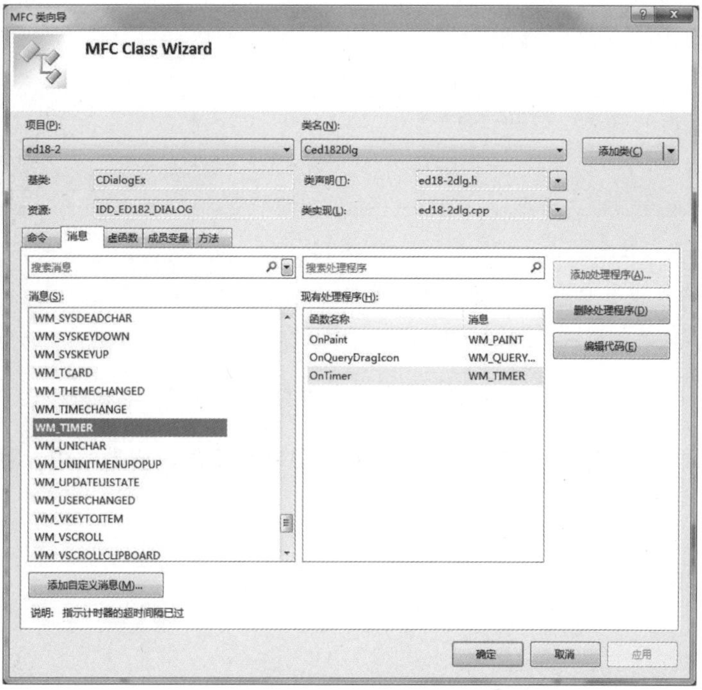

图 18-13

本例还需要对原对话框中的"确定"按钮（现改为"计时/停止"）的默认处理函数 OnOK
进行重写。选择左侧的"虚函数"选项卡，选择"虚函数"列表框中的 OnOK 选项，单击右侧的"添
加函数"按钮，如图 18-14 所示。

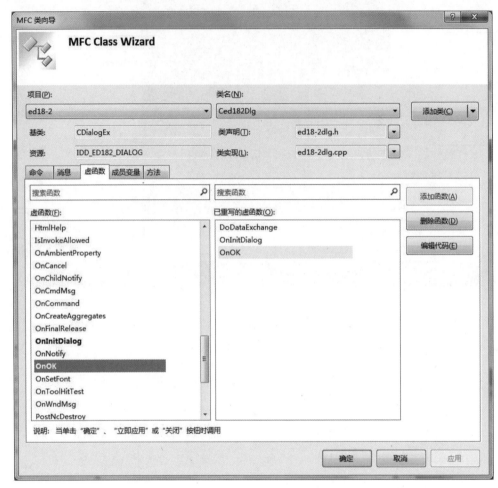

图 18-14

MFC 向导中的"成员变量"选项卡用于添加成员变量；"方法"选项卡用于添加类函数。

添加空成员变量和函数后，即可在源程序相应的位置写入程序代码。

以下为修改后的源程序，只列出与修改部分相关的程序片段。

源程序（灰色斜体字为程序向导自动生成，灰色正体字为类向导自动生成，黑色正体字为手工添加）

头文件 ed18-2Dlg.h

```
// ed18-2Dlg.h ：头文件
......
// Ced182Dlg 对话框
class Ced182Dlg : public CDialogEx
```

168

```
{
// 构造
public:
    Ced182Dlg(CWnd* pParent = NULL);                    // 标准构造函数
                                                        // 对话框数据

    enum { IDD = IDD_ED182_DIALOG };
    protected:
    virtual void DoDataExchange(CDataExchange* pDX);    // DDX/DDV 支持
                                                        // 实现
protected:
    HICON m_hIcon;

                                                        // 生成的消息映射函数

    virtual BOOL OnInitDialog();
    afx_msg void OnPaint();
    DECLARE_MESSAGE_MAP()
public:
    bool tmm;                                           // 标记计时是否开始
    UINT_PTR tm;                                        // 计时器变量
    DWORD bg;                                           // 记录计时时间开始变量
    int n;                                              // 记录时间差变量
    virtual void OnOK();
    afx_msg void OnTimer(UINT_PTR nIDEvent);
};
```

程序文件 ed18-2Dlg.cpp

```
// ed18-2Dlg.cpp : 实现文件
......
BEGIN_MESSAGE_MAP(Ced182Dlg, CDialogEx)
    ON_WM_PAINT()
    ON_WM_TIMER()
END_MESSAGE_MAP()

// Ced182Dlg 消息处理程序
BOOL Ced182Dlg::OnInitDialog()
{
    CDialogEx::OnInitDialog();
......
    // TODO: 在此添加额外的初始化代码
    tmm=0;                                              // 标记计时未开始
    n=0;                                                // 计时时间差为 0
    return TRUE;                                        // 除非将焦点设置到控件, 否则返回 TRUE
}

void Ced182Dlg::OnPaint()                               // 绘制窗口消息处理函数
{
    CPaintDC dc(this);                                  // 用于绘制的设备环境类 dc
    CFont f;                                            // 定义字体类 f
    f.CreatePointFont(600,"Arial Bold");                //f 设置字体
    dc.SelectObject(f);                                 //dc 选择字体 f
    dc.SetBkColor(RGB(240,240,240));                    // 设置背景色为对话框颜色 (灰色)
    dc.SetTextAlign(TA_RIGHT);                          // 设置文字对齐方式为右对齐
    CString str;                                        // 定义字符串类 str
    str.Format("%d:%d",n/10,n%10);                      //str 格式化为秒数 :0.1 秒数
    dc.TextOut(220,50,str);                             // 输出 str
    CDialogEx::OnPaint();
}

void Ced182Dlg::OnOK()                                  // 计时 / 停止按钮处理函数
```

```
{                                    // ODO：在此添加专用代码和 / 或调用基类
  if(tmm)                            // 如果已经在计时
  {
        KillTimer(tm);               // 停止计时器
        tmm=0;                       // 标记为停止计时
  }
  else                               // 否则
  {
        n=0;                         // 清空时间差
        bg=GetTickCount();           // 获取计时起点
        tm=SetTimer(1,50,0);         // 设定计时器，每 50 毫秒发送一次消息
        tmm=1;                       // 标记为开始计时
  }
  //CDialogEx::OnOK();               // 屏蔽系统默认 OnOK 函数
}

void Ced182Dlg::OnTimer(UINT_PTR nIDEvent)   // 计时器消息处理函数
{
  // TODO：在此添加消息处理程序代码和 / 或调用默认值
  n=GetTickCount()-bg;               // 获取计时时间差（单位为毫秒）
  n/=100;                            // 折合为 0.1 秒数
  CRect cr(0,0,300,200);
  InvalidateRect(cr);                // 重绘数字显示区
  CDialogEx::OnTimer(nIDEvent);
}
```

程序注解

- UINT_PTR tm：定义一个计时器指针变量 tm。
- KillTimer(tm)：取消计时器 tm。
- GetTickCount()：返回程序开始运行到当前时刻的时间，单位为毫秒。
- tm=SetTimer(1,50,0)：设置一个计时器，序号为 1，每 50 毫秒发送一次计时器消息。
- InvalidateRect(cr)：重画窗口（对话框）中 cr 表示的矩形区域。cr 为 CRect 类变量。

讨论

以上示例程序的执行流程为：

① 创建对话框，这时会首次调用 OnPaint 函数，显示时间为 0:0，等待消息。

② 当第一次单击"计时 / 停止"按钮，调用 OnOK 函数，获取起始时间，设定计时器，每 50 毫秒发送一次计时器消息。

③ 当程序接到计时器消息（WM_TIMER）时，调用 OnTimer 函数，计算时间差，调用 InvalidateRect 函数，发出绘制窗口消息。

④ 当程序接到绘制窗口消息（WM_PAINT），调用 OnPaint 函数，显示时间。

⑤ 再次单击"计时 / 停止"按钮，调用 OnOK 函数，取消计时器。

我们为什么不在 OnTimer 函数中直接写入显示时间的语句，非要每次发出 WM_PAINT 消息以便调用 OnPaint 函数呢？

或者，为什么不把整个计时过程都写入 OnPaint 函数呢？

我们先来看看 OnPaint 函数什么时候会被调用。除了程序主动发出要求更新窗口之外，窗口初始化，窗口位置、大小改变，窗口被别的程序覆盖后又重新出现，系统都会向程序发出 WM_PAINT 消息，从而调用 OnPaint 函数。

如果仅在 OnTimer 函数中显示时间，那么当出现以上情形时，将导致窗口无法显示正确的内容。

同样也不能在一个消息处理函数中让程序持续运行。因为 Windows 本身是多任务系统，应用程序并不能独占系统时间。在一个计时周期中完成自己的运算，就应该交回系统控制。

而以前做过的控制台应用程序（包括 EGE 程序），则是 Windows 系统已经替你进行分时操作管理。

Windows 编程中，消息处理函数只处理与对应的消息有关的操作。

运行结果

运行结果如图 18-15 所示。

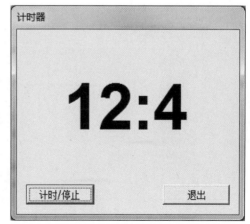

图 18-15

Python

源程序

```
from tkinter import *              # 引入对话框模块
from time import *                 # 引入时间模块

w=Tk()                            # 建立窗口
w.title(' 计时器 ')                # 设置标题
w.geometry('300x230')             # 设置窗口尺寸
s=StringVar()                     # 定义 s 为可变字符串
s.set('0:0')                      # s 设置为 0:0
l=Label(w,textvariable=s,font=('Arial Bold',60))
                        # 在 w 中添加标签 l，文字为 s，字体为 Arial Bold，字号为 60
l.pack(ipady=50,side=TOP)         # 放置标签
tmm=0                             # 定义计时 / 停止标记变量

def shw():                        # 定义计时函数
    global n,s,bg,tmm
    n=int((time()-bg)*10)         # 求取时间差
    st=str(int(n/10))+':'+str(n%10)  # 将时间差转换为字符串
    s.set(st)                     # 改变标签中显示的字符串
    if tmm:
        w.after(50,shw)           # 如果 tmm 为真，则 50 毫秒后递归调用本函数

def prs():                        # 定义按钮处理函数
    global tmm
    if tmm:
        tmm=0                     # 如果 tmm 为真，则设 tmm 为假
    else:
        tmm=1                     # 否则设 tmm 为真
        global n
        n=0                       # 时间差清零
        global bg
        bg=time()                 # 获取起始时间
        shw()                     # 调用计时函数

f=Frame(w).pack(side=BOTTOM)      # 在窗口 w 底部设置框架 f
Button(f,text=' 计时 / 停止 ',command=prs).pack(ipadx=10,padx=30,side=LEFT)
            # 在框架 f 左侧设置按钮，文字为"计时 / 停止"，执行命令为 prs 函数
Button(f,text=' 退出 ',command=exit).pack(ipadx=20,padx=30,side=RIGHT)
            # 在框架 f 右侧设置按钮，文字为"退出"，执行命令为退出程序
```

程序注解

- w.after(50,shw)：50 毫秒后递归调用 shw 函数。

我们再来看一下使用 tkinter 的 Python 程序的流程。

① 创建窗口，标签显示 0:0。

② 第一次单击"计时 / 停止"按钮，调用 prs 函数，获取起始时间，调用 shw 函数。

③ shw 函数求取时间差，并将其转换为字符串，更改标签显示时间，并在 50 毫秒后递归调用 shw 函数。

④ 再次单击"计时 / 停止"按钮，调用 prs 函数，tmm 设为 0，导致 shw 函数停止递归调用。

运行结果

运行结果如图 18-16 所示。

图 18-16

本章要点

- Windows 程序的基本结构和运行原理。
- MFC 的编程方法。
- tkinter 的基本用法。

从本章开始，不再布置统一的练习，大家可以尝试参照实例自行设计一个窗口程序。

第 19 章

MFC 绘图和动画

本章将选取前面的几个 EGE 实例，演示在 MFC 中该怎么编写相应的程序。读者也可以考虑在不同图形函数库之间的可移植性。

这几个实例均在应用程序向导中选择单个文档。

例 19.1　斐波那契螺线

本例属于绘制静态图形，基本可以在 CChildView 类的 OnPaint 函数中一次完成。此外，窗口大小需要在 CMainFrame 类的 PreCreateWindow 函数中修改。

C++　　　　MFC

源程序（灰色斜体字为程序向导自动生成，正体字为手工添加）

MainFrm.cpp 文件中的变动内容。

```
// MainFrm.cpp : CMainFrame 类的实现
......
BOOL CMainFrame::PreCreateWindow(CREATESTRUCT& cs)
{
  if( !CFrameWnd::PreCreateWindow(cs) )
        return FALSE;
  // TODO: 在此处进行修改
  //  CREATESTRUCT cs 修改窗口类或样式
  cs.cx=1020;                                      // 窗口宽度
  cs.cy=1080;                                      // 窗口高度
  cs.dwExStyle &= ~WS_EX_CLIENTEDGE;
cs.lpszClass = AfxRegisterWndClass(0);
  return TRUE;
}
......
```

ChildView.cpp 文件中的变动内容。

```
// ChildView.cpp : CChildView 类的实现

......

void CChildView::OnPaint()
{
  CPaintDC dc(this); // 用于绘制的设备上下文

  // TODO: 在此处添加消息处理程序代码
  int x=500,y=500,x1=510,y1=500;
  int a=0,b=10,c;
  for(int n=0;x>=0||y>=0;n++)
  {
        dc.MoveTo(x,y);                            // 移动至圆心
        dc.LineTo(x1,y1);                          // 绘制直线
        dc.AngleArc(x,y,b,90*n,90);                // 绘制圆弧
        x1=x;
        y1=y;
        switch(n%4)
```

```
                    {
                    case 0:
                            y+=a;
                            y1-=b;
                            break;
                    case 1:
                            x+=a;
                            x1-=b;
                            break;
                    case 2:
                            y-=a;
                            y1+=b;
                            break;
                    case 3:
                            x-=a;
                            x1+=b;
                            break;
                    }
                    c=a+b;
                    a=b;
                    b=c;
            }
        // 不要为绘制消息而调用 CWnd::OnPaint()
    }
    ......
```

程序注解

● cs.cx=1020：窗口宽度。

● cs.cy=1080：窗口高度。

cs 是窗口的注册类。EGE 中的 initgraph 函数参数是窗口的内部尺寸，而这里给出的是窗口外部尺寸，需要加上图框、标题、菜单、状态栏等。

本例中的绘图操作均由 CPaintDC 类函数完成，其函数格式与 EGE 绘图函数类似。其他语句几乎可以从 EGE 程序中原封不动地移植过来。

例 19.2　时钟

本例除了需要修改 CMainFrame 类的 PreCreateWindow 函数、CChildView 类的 OnPaint 函数，还需要在 CChildView 类中通过类向导添加消息处理函数 OnCreate() 和 OnTimer()，以及成员函数 needle。

在 PreCreateWindow 函数中设置窗口大小。

OnCreate 函数用于处理 WM_CREATE（窗口建立）消息，仅在窗口建立时调用一次。本例将在其中建立虚拟绘图设备环境，设置字体，并设定计时器。

needle 函数用于绘制表针。

OnTimer 函数用于处理 WM_TIMER（计时器）消息。本例将在其中取得系统时间，计算表针角度，在虚拟绘图设备环境中绘制表盘和表针，并发出重绘窗口消息。

OnPaint 函数用于处理 WM_PAINT（绘制窗口）消息。本例将在其中将虚拟绘图设备环境图像粘贴到窗口中。

此外，还需要增加成员变量 cmdc 和 tm。

源程序（灰色斜体字为程序向导自动生成，灰色正体字为类向导自动生成，黑体正体字为手工添加）

MainFrm.cpp 文件中的变动内容。

```cpp
// MainFrm.cpp : CMainFrame 类的实现
……
BOOL CMainFrame::PreCreateWindow(CREATESTRUCT& cs)
{
    ……
    cs.cx=620;
    cs.cy=680;
    ……
}
……
```

ChildView.h 文件中的变动内容。

```cpp
// ChildView.h : CChildView 类的接口
……
class CChildView : public CWnd
{
……
// 特性
public:
    CDC cmdc;
    UINT_PTR tm;

public:
    afx_msg int OnCreate(LPCREATESTRUCT lpCreateStruct);
    afx_msg void OnTimer(UINT_PTR nIDEvent);
    void needle(float ang, int l, int w);
};
```

ChildView.cpp 文件中的变动内容。

```cpp
// ChildView.cpp : CChildView 类的实现

#include "stdafx.h"
#include "ed20-2.h"
#include "ChildView.h"
#include <ctime>
#include <cmath>
#define PI 3.14159265358979323846
……
BEGIN_MESSAGE_MAP(CChildView, CWnd)
    ON_WM_PAINT()
    ON_WM_CREATE()
    ON_WM_TIMER()
END_MESSAGE_MAP()
……
```

```
void CChildView::OnPaint()
{
  CPaintDC dc(this); // 用于绘制的设备上下文
  // TODO: 在此处添加消息处理程序代码
  dc.BitBlt(0,0,600,600,&cmdc,0,0,SRCCOPY);
  // 不要为绘制消息而调用 CWnd::OnPaint()
}

int CChildView::OnCreate(LPCREATESTRUCT lpCreateStruct)
{
......
  // TODO: 在此添加专用的创建代码
  CPaintDC dc(this);
  cmdc.CreateCompatibleDC(NULL);                    // 创建虚拟设备环境
  CBitmap bp;
  bp.CreateCompatibleBitmap(&dc,600,600);           // 创建虚拟位图
  cmdc.SelectObject(&bp);                           // 选取位图
  cmdc.SelectObject(GetStockObject(DC_PEN));        // 选取画笔
  cmdc.SetTextAlign(TA_CENTER);                     // 确定文字排列方向
  CFont f;
  f.CreatePointFont(400,"Times New Roman");         // 创建字体
  cmdc.SelectObject(&f);                            // 选取字体
  tm=SetTimer(1,1000,0);                            // 设定计时器
  return 0;
}

void CChildView::OnTimer(UINT_PTR nIDEvent)
{
                            // TODO: 在此添加消息处理程序代码和 / 或调用默认值
  CString str;
  long hs,ms,ss;
  float ha,ma,sa;
  time_t ts;
  ts=time(&ts);
  hs=ts%(3600*12);
  ms=hs%3600;
  ss=ms%60;
  ha=(-18000-hs)*PI/21600;
  ma=(900-ms)*PI/1800;
  sa=(15.0-ss)*PI/30;
  cmdc.SetDCPenColor(0);                            // 绘制表盘
  cmdc.FillSolidRect(0,0,600,600,RGB(255,255,255));
  cmdc.Ellipse(20,20,580,580);
  for(int i=1;i<=12;i++)                            // 绘制数字
  {
        float ang=(3-i)*PI/6;
        str.Format("%d",i);
        cmdc.TextOut(300+240*cos(ang),300-240*sin(ang)-30,str);
  }
  for(int i=0;i<60;i++)                             // 绘制刻度
  {
        float ang=i*PI/30;
        cmdc.MoveTo(300+280*cos(ang),300+280*sin(ang));
        cmdc.LineTo(300+270*cos(ang),300+270*sin(ang));
  }
  needle(ha,200,10);                                // 绘制表针
  needle(ma,220,10);
  cmdc.SetDCPenColor(RGB(255,0,0));
  needle(sa,240,8);
```

```
        Invalidate(0);                                  // 重绘窗口
        CWnd::OnTimer(nIDEvent);
}

void CChildView::needle(float ang, int l, int w)
{
        CPoint pt[4];
        pt[0].x=300+l*cos(ang);
        pt[0].y=300-l*sin(ang);
        pt[1].x=300+w*sin(ang)/2;
        pt[1].y=300+w*cos(ang)/2;
        pt[2].x=300-l*cos(ang)/4;
        pt[2].y=300+l*sin(ang)/4;
        pt[3].x=300-w*sin(ang)/2;
        pt[3].y=300-w*cos(ang)/2;
        cmdc.Polygon(pt,4);
}
```

程序注解

- #define PI 3.14159265358979323846：定义 PI 为 π 值。

　　　　#define 称为宏定义，与 #include 相同也是预编译语句。它的用法是在编译时，用后面的数字来代替前面的标识符。

　　　　#define 亦可用于定义简单的表达式，如：#define max(x,y) x>y?x:y 和 #define abs(x) x<0?-x:x。

- CDC::BitBlt(x0,y0,x1,y1,&dc,xc0,yc0,SRCCOPY)：从设备环境 dc 粘贴图像。

参数分别为本设备环境左上、右下坐标，来源设备环境，来源左上坐标，粘贴模式。

- CDC::CreateCompatibleDC(NULL)：创建虚拟设备环境。

建立一个存在于内存中的兼容绘图设备环境，Compatible 意为兼容。

- CBitmap::CreateCompatibleBitmap(&dc,600,600)：创建一个与设备环境 dc 颜色深度相同，宽、高各为 600 的虚拟位图。

- CDC::SelectObject(&p)：选择绘图对象。

对象可以是画笔（设置画线颜色）、画刷（设置填充颜色）、位图、字体等。

创建虚拟绘图设备环境后，必须选择一个虚拟位图作为绘图区域，否则无法绘制。

- CFont::CreatePointFont(400,"Times New Roman")：创建字体。字号为 400，字形为 Times New Roman。

- CWnd::Invalidate()：重绘窗口。

- CDC::Polygon(pt,4)：填充多边形。

此函数与 EGE 的 fillpoly 函数用法类似，不同之处在于 fillpoly 以整数数组存储多边形顶点坐标，Polygon 以 CPoint 类数组存储顶点坐标。

例 19.3 鼠标驱动的金鱼

MFC 中可以使用 CImage 类进行图片的读取和显示。CImage 可以显示 gif、jpg、png 等图片格式，可以显示透明 png 图片，但不能显示透明 gif 图片。

MFC 显示透明 gif 图片与 EGE 不同，会将透明部分显示为白色，所以相应的蒙版图片也需要做出修改，如图 19-1 所示。

mask.gif

maskl.gif

图 19-1

本例除了需要修改 CMainFrame 类的 PreCreateWindow 函数、CChildView 类的 OnPaint 函数，还需要在 CChildView 类中通过类向导添加消息处理函数 OnCreate、OnTimer 和 OnLButtonDown。

在 PreCreateWindow 函数中设置窗口大小。

OnCreate 函数用于处理 WM_CREATE（窗口建立）消息，仅在窗口建立时调用一次。本例将在其中建立虚拟绘图设备环境，读取背景、图片、金鱼图片和蒙版图片。

OnTimer 函数用于处理 WM_TIMER（计时器）消息。本例将在其中计算金鱼行进位置坐标，根据位置决定是否停止计时器，在虚拟绘图设备环境中绘制背景和金鱼，并发出重绘窗口消息。

OnLButtonDown 函数用于处理 WM_LBUTTONDOWN（鼠标单击）消息。本例将在其中取得目标坐标，计算步长，确定金鱼头部朝向，设定计时器。

OnPaint 函数用于处理 WM_PAINT（绘制窗口）消息。本例将在其中将虚拟绘图设备环境图像粘贴到窗口中。

此外，还需要增加若干成员变量。

`C++`   `MFC`

源程序（灰色斜体字为程序向导自动生成，灰色正体字为类向导自动生成，黑色正体字为手工添加）

MainFrm.cpp 文件中的变动内容。

```
// MainFrm.cpp : CMainFrame 类的实现
......
BOOL CMainFrame::PreCreateWindow(CREATESTRUCT& cs)
{
    ......
```

```
    cs.cx=820;
    cs.cy=680;
    ......
}
......
```

ChildView.h 文件中的变动内容。

```
// ChildView.h : CChildView 类的接口

#pragma once
#include <atlimage.h>
......
class CChildView : public CWnd
{
......
// 特性
public:
    CDC cmdc;
    CImage bg,fg,mk,fg1,mk1;
    int x,y,xd,yd;
    float xf,yf,xs,ys;
    int tw;
    UINT_PTR tm;
......
public:
    afx_msg int OnCreate(LPCREATESTRUCT lpCreateStruct);
    afx_msg void OnLButtonDown(UINT nFlags, CPoint point);
    afx_msg void OnTimer(UINT_PTR nIDEvent);
};
```

ChildView.cpp 文件中的变动内容。

```
// ChildView.cpp : CChildView 类的实现
......
BEGIN_MESSAGE_MAP(CChildView, CWnd)
    ON_WM_PAINT()
    ON_WM_CREATE()
    ON_WM_LBUTTONDOWN()
    ON_WM_TIMER()
END_MESSAGE_MAP()
......
void CChildView::OnPaint()
{
    CPaintDC dc(this);                      // 用于绘制的设备上下文
                                            // TODO: 在此处添加消息处理程序代码
    dc.BitBlt(0,0,800,600,&cmdc,0,0,SRCCOPY);
                                            // 不要为绘制消息而调用 CWnd::OnPaint()
}

int CChildView::OnCreate(LPCREATESTRUCT lpCreateStruct)
{
    if (CWnd::OnCreate(lpCreateStruct) == -1)
        return -1;
    // TODO: 在此添加专用的创建代码
    CPaintDC dc(this);
    cmdc.CreateCompatibleDC(NULL);
    CBitmap bp;
    bp.CreateCompatibleBitmap(&dc,800,600);
    cmdc.SelectObject(&bp);
```

```
    bg.Load("back.gif");                                    // 读入背景图片
    fg.Load("fish.gif");                                    // 读入金鱼图片
    mk.Load("mask.gif");                                    // 读入蒙版图片
    fgl.Load("fishl.gif");
    mkl.Load("maskl.gif");
    bg.Draw(cmdc.m_hDC,0,0);                                // 在虚拟设备环境上绘制背景
    x=400;
    y=300;
    tw=1;
    mk.BitBlt(cmdc.m_hDC,x-50,y-50,SRCPAINT);   // 在虚拟设备环境上绘制金鱼
    fg.BitBlt(cmdc.m_hDC,x-50,y-50,SRCAND);
    return 0;
}

void CChildView::OnLButtonDown(UINT nFlags, CPoint point)
{
    // TODO: 在此添加消息处理程序代码和 / 或调用默认值
    xd=point.x;                                             // 取得目标坐标
    yd=point.y;
    xf=x;
    yf=y;
    float ll=max(abs(xd-x),abs(yd-y));
    xs=2*(xd-x)/ll;                                         // 计算步长
    ys=2*(yd-y)/ll;
    if(xs>0)                                                // 确定金鱼头部朝向
            tw=1;
    if(xs<0)
            tw=0;
    tm=SetTimer(1,3,0);
    CWnd::OnLButtonDown(nFlags, point);
}

void CChildView::OnTimer(UINT_PTR nIDEvent)
{
    // TODO: 在此添加消息处理程序代码和 / 或调用默认值
    xf+=xs;
    yf+=ys;
    x=xf;                                                   // 计算运动位置
    y=yf;
    bg.Draw(cmdc.m_hDC,0,0);                                // 在虚拟设备环境上绘制背景及金鱼
    (tw?mk :mkl).BitBlt(cmdc.m_hDC,x-50,y-50,SRCPAINT);
    (tw?fg:fgl).BitBlt(cmdc.m_hDC,x-50,y-50,SRCAND);
    Invalidate(0);                                          // 重绘窗口
    if(abs(x-xd)+abs(y-yd)<2)                               // 如果接近目标位置停止计时器
            KillTimer(tm);
    CWnd::OnTimer(nIDEvent);
}
```

程序注解

- CImage::Draw(dc.m_hDC,0,0)：在 dc 设备 0,0 坐标处绘制图像。

CImage 是 MFC 和 ATL 共用的类，用于图像文件的读取和显示。

m_hDC 是 CDC 类的成员变量，在使用 Draw 函数时需要如此引用。

某些情况下，MFC 程序会屏蔽对于 CImage 的定义。遇到此种情况，就需要在程序文件头

部添加一行：#include <atlimage.h>。

　　本例中，如果在金鱼移动过程中单击鼠标，结果与例 17.2 的 EGE 程序和 turtle 程序均有区别。因为在金鱼移动过程中，随时可以接到鼠标左键消息，所以不会等到完成原先的运动，而是会直接朝向新的目标移动。

本章要点

- 在 MFC 中绘制动画的方法。
- MFC 中的鼠标控制。
- 宏定义的使用。

第 20 章

综合应用实例

本章将通过几个实例，生动展示 Python 和 C/C++ 的实际应用。具体而言，我们将通过基于 tkinter 对话框的 Python 实例，以及基于 MFC 对话框的 C++ 实例，来详细阐述这两种编程语言在实践中的运用。

例 20.1 模拟互动探险游戏

Python

我猜测你一定体验过类似的游戏情境：你站在古老森林的入口处，茂密的树林和一条曲折小径在眼前展开。此刻，你面临两个选择，而每个决定都将引领你踏入一个全新的场景。

以下是一个互动探险游戏的脚本。

步骤 1：你站在一个森林的入口，前方是茂密的树林和一条蜿蜒的小径。

>> 选项 1：进入森林，沿小径前行。转到第 2 步。

>> 选项 2：在森林边缘寻找可能有用的物品。转到第 3 步。

步骤 2：小径带你深入森林，四周响起了未知生物的叫声。

>> 选项 1：继续前行，寻找传说中的遗迹。转到第 5 步。

>> 选项 2：返回森林入口，重新制订计划。转到第 3 步。

步骤 3：你发现了一把锈迹斑斑的刀和一张破旧的地图。

>> 选项 1：带着刀和地图，再次尝试进入森林。转到第 4 步。

>> 选项 2：留下物品，直接进入森林。转到第 5 步。

步骤 4：你根据地图上的线索，寻找遗迹。

>> 选项 1：遵循地图指引，向东北方向前进。转到第 6 步。

>> 选项 2：凭直觉行动，向西南方向前进。转到第 7 步。

步骤 5：没有地图的帮助，你必须依靠直觉行进。

>> 选项 1：向东北方向前进。转到第 6 步。

>> 选项 2：向西南方向前进。转到第 7 步。

步骤 6：你来到了一片开阔地，发现了一扇半掩的石门。

>> 选项 1：推开石门，进入遗迹。转到第 8 步。

>> 选项 2：观察周围环境，寻找隐藏的陷阱。转到第 9 步。

步骤 7：你发现自己来到了一片未知的区域，似乎更加危险。

>> 选项 1：勇敢地继续探索。转到第 10 步。

>> 选项 2：返回，重新选择方向。转到第 4 步。

步骤 8：你进入了遗迹，发现了许多文物。你成为发现古老文明的英雄。游戏结束。

步骤 9：你注意到地面有些异样，成功避开了一个陷阱。你小心翼翼地探索，最终安全地离开了森林。游戏结束。

步骤10：你遭遇了森林中的危险生物，但凭借勇气和智慧，你战胜了它们。你带着新的经历和故事，安全地离开了森林。游戏结束。

在着手编写正式的程序之前，可以先将游戏脚本整理记录于一个名为game.txt的文本文件中。该文件的第1行应明确标注游戏的标题，而后续的每一行则分别代表游戏的一个步骤。为了确保结构的清晰，各个元素之间应使用分号进行分隔。同时，我们还需要根据这些步骤制作相应的背景图片，既可以为每个步骤量身定制独特的图片，也可以根据实际需要，让多个步骤共享同一张背景图片，如图 20-1 所示。

game.txt

```
森林探险
1;p01;你站在一个森林的入口，前方是茂密的树林和一条蜿蜒的小径。；进入森林，沿小径前行。；在森林边缘寻找可能有用的物品。;2;3
2;p02;小径带你深入森林，四周响起了未知生物的叫声。；继续前行，寻找传说中的遗迹。；返回森林入口，重新制订计划。;5;3
3;p03;你发现了一把锈迹斑斑的刀和一张破旧的地图。；带着刀和地图，再次尝试进入森林。；留下物品，直接进入森林。;4;5
4;p01;你根据地图上的线索，寻找遗迹。；遵循地图指引，向东北方向前进。；凭直觉行动，向西南方向前进。;6;7
5;p01;没有地图的帮助，你必须依靠直觉行进。；向东北方向前进。；向西南方向前进。;6;7
6;p04;你来到了一片开阔地，发现了一扇半掩的石门。；推开石门，进入遗迹。；观察周围环境，寻找隐藏的陷阱。;8;9
7;p05;你发现自己来到了一片未知的区域，似乎更加危险。；勇敢地继续探索。；返回，重新选择方向。;10;4
8;p06;你进入了遗迹，发现了许多文物。你成为发现古老文明的英雄。；；；0;0
9;p07;你注意到地面有些异样，成功避开了一个陷阱。你小心翼翼地探索，最终安全地离开了森林。；；；0;0
10;p08;你遭遇了森林中的危险生物，但凭借勇气和智慧，你战胜了它们。你带着新的经历和故事，安全地离开了森林。；；；0;0
```

p01.png

p02.png

p03.png

p04.png

p05.png

p06.png

图 20-1

p07.png

p08.png

图 20-1（续）

　　当我们接到一个程序开发任务，无论是开发一款游戏，还是设计一个处理文档或图片的应用程序，首要考虑的不是程序的外观或界面设计。更为关键的是，需要深入探究该程序需要处理的数据类型，这些数据应如何妥善存储，以及涉及哪些必要的计算过程。

　　我们可以首先使用一个名为 lines 的列表来存储整个游戏脚本，其中每个步骤作为 lines 的一个元素。接着，可以使用另一个名为 line 的列表来进一步拆分每个步骤，其中包含步骤序号、图片名称、步骤内容、选项以及后续步骤的索引。

　　在程序逻辑方面，可以定义一个名为 showline 的自定义函数，用于显示指定步骤的背景图片、提示语以及选项。当用户单击按钮后，可以通过反复调用这个函数来展示相应的步骤内容。这种设计方式能够简化程序的逻辑结构，提高代码的可读性和可维护性。

源程序

```
from tkinter import *

#== 主程序部分 ==
f=open('game.txt')                      # 打开游戏脚本文件
lines=f.readlines()                     # 读取对话全部内容存入 lines 列表
f.close()                               # 关闭文件

w=Tk()                                  # 建立主窗口 w
w.title(lines[0])                       # 设置主窗口标题（脚本文件第 1 行）
w.geometry('800x800')                   # 设置主窗口大小
c=Canvas(w,width=800,height=600)        # 在主窗口 w 中加入绘图区 c，设置大小
c.pack()
t=Text(w,font=('楷体',18),padx=20,pady=10)
                                        # 在主窗口 w 中加入文本框 t，设置字体
t.pack()

index1,index2=0,0                       # 设置全局变量，用于存储后续选择项步骤序号

#== 自定义函数部分 ==
def showline(index):                    # 自定义函数，显示指定步骤的图片和文字内容
    line=lines[index].split(';')        # 将指定步骤内容存入 line 列表
```

```
        imm=line[1]+'.png'                   # 显示指定步骤的图片
        imp=PhotoImage(file=imm)
        c.create_image(0,0,image=imp,anchor=NW)
        c.image=imp

        t.delete('1.0',END)                  # 显示指定步骤的文字
        t.insert(INSERT,line[2])

        global index1,index2                 # 存储后续选择项步骤序号
        index1=int(line[5])
        index2=int(line[6])

        if index1>0:                         # 如果有后续内容 ( 后续步骤序号不为 0) 显示选项内容
            t.insert(INSERT,'\n(1)')
            t.insert(INSERT,line[3])
            t.insert(INSERT,'\n(2)')
            t.insert(INSERT,line[4])
        else:                                # 否则显示结束按钮，单击后结束程序
            Button(w,text=' 结束 ',font=(' 黑体 ',22),width=27,
                    command=w.destroy).place(x=200,y=740)

def bt1():                                   # 自定义按钮 1 处理函数
    showline(index1)

def bt2():                                   # 自定义按钮 2 处理函数
    showline(index2)

#== 主程序部分 ==
# 设置按钮 1、按钮 2
Button(w,text='1',font=('Arial',18,'bold'),
        width=10,command=bt1).place(x=200,y=740)
Button(w,text='2',font=('Arial',18,'bold'),
        width=10,command=bt2).place(x=450,y=740)
showline(1)                                  # 显示步骤 1 内容
w.mainloop()                                 # 主窗口建立消息循环
```

程序注解

- Canvas(w,width=800,height=600)：在主窗口 w 内建立宽为 800，高为 600 的画布控件。

该控件可以用来显示图片，也可以用来绘图。

- PhotoImage(file=imm)：读入文件名为 imm 的图片文件。

- create_image(0,0,image=imp,anchor=NW)：在画布上建立图片。

- c.image=imp：将画布 c 上的图片设为 imp。当在自定义函数中使用 create_image 方法时，后面必须有这一行，否则图片资源会被系统回收而不显示。

由于游戏内容被独立地存储在脚本文件中，与源程序相分离，因此可以自由地修改或替换游戏脚本和图片，而无须对源程序进行任何改动。这种设计为用户提供了极大的灵活性和便利性。

运行结果

运行结果如图 20-2 所示。

图 20-2

例 20.2　模拟 AI 绘画

本例并非真正的 AI 绘画，显然，我们目前所学的编程知识还不足以应对如此高度复杂的问题。此处仅是对 AI 绘画形式的一种简单模拟。

在 AI 绘画中，常见的提示语通常描述为：某个人物穿着特定样式的衣物，在特定场合进行某项活动。为了模拟这一过程，可以准备一系列背景和人物图片，并将它们进行组合，以找到与给定提示语最为吻合的图片组合。重要的是，准备的图片数量越多，找到与提示语高度匹配组合的可能性就越大。

现在，我们已经准备了 4 张背景图片（如图 20-3 所示）和 6 张人物图片（如图 20-4 所示），均为透明的 PNG 格式文件，通过这些图片的组合，可以生成 24 种不同的场景组合。

b01.png   b02.png   b03.png   b04.png

图 20-3

f01.png   f02.png   f03.png

f04.png   f05.png   f06.png

图 20-4

我们可以对每一张图片进行深入分析，从中提取出关键信息并确定其重要性，随后将这些信息及其对应的权重分别记录到背景和前景文件中，见表 21-1 和表 21-2。

表 21-1

背景图	默认前景图	联想词	提取关键字		权重
b01	f01	公园、花园、草地	园		0.5
			花		0.4
			草		0.4
b02	f02	海边、海滩、沙滩、游泳	海		0.5
			滩		0.4
			沙		0.3
			泳		0.1
b03	f03	冬天、雪景	雪		0.5
			冬		0.5
b04	f02	房间、健身房、运动	房		0.5
			健		0.5
			动		0.1

back.txt

```
b01,f01:园,0.5;花,0.4;草,0.4
b02,f02:海,0.5;滩,0.4;沙,0.3;泳,0.1
b03,f03:雪,0.5;冬,0.5
b04,f02:房,0.5;健,0.5;动,0.1
```

表 21-2

前景图	默认背景图	联想词	提取关键字	权重
f01	b01	女孩、女生、连衣裙	女	0.4
			裙	0.4
			连衣	0.4
f02	b04	女孩、女生、泳装、体操服、紧身衣、运动	女	0.4
			泳	0.3
			操	0.3
			紧身	0.3
			舞	0.3
			运动	0.2
f03	b03	女孩、女生、大衣	女	0.4
			大衣	0.4
f04	b01	女孩、女生、jk、制服	女	0.4
			JK	0.4
			jk	0.4
			制服	0.4
f05	b01	男孩、男生、运动	男	0.4
			运动	0.5
f06	b01	男孩、男生、jk、制服	男	0.4
			JK	0.4
			jk	0.4
			制服	0.4

fore.txt

```
f01,b01:女 ,0.4;裙 ,0.4;连衣 ,0.4
f02,b04:女 ,0.4;泳 ,0.3;操 ,0.3;紧身 ,0.3;舞 ,0.3;运动 ,0.2
f03,b03:女 ,0.4;大衣 ,0.4
f04,b01:女 ,0.4;JK,0.4;jk,0.4;制服 ,0.4
f05,b01:男 ,0.4;运动 ,0.5
f06,b01:男 ,0.4;JK,0.4;jk,0.4;制服 ,0.4
```

与例 20.1 类似，首先创建 lines1 和 lines2 两个列表，分别用于存储所有背景图片和前景图片的信息。接着，定义一个函数，该函数旨在比较输入的提示语与每张背景图片和前景图片的相似度。相似度的取值范围为 0 ～ 1，其中 0 表示无相似性，1 表示完全相同。若提示语与任何图片均无明显关联，则函数会输出一张默认图片。以下是实现这一功能的源程序。

源程序

```
from tkinter import *

#== 自定义函数部分 ==
def cal(str1,str2):                      # 自定义函数，计算字符串 str1 与关键字串 str2 的相似度
    d=0                                  # 设置初始相似度为 0
    kws=str2.split(';')                  # 设置 kws 为关键字列表
    for kw in kws:
        keyw,val=kw.split(',')           # 分解关键字和权重
        if keyw in str1:                 # 如果 str1 中有关键字 keyw
            d+=(1-d)*float(val)          # 计算相似度
    return d

#== 主程序部分 ==
f1=open('back.txt')                      # 打开背景图片信息文件
f2=open('fore.txt')                      # 打开前景图片信息文件
lines1=f1.readlines()                    # 读取背景图片信息到列表 lines1
lines2=f2.readlines()                    # 读取背景图片信息到列表 lines2
f1.close()                               # 关闭背景图片信息文件
f2.close()                               # 关闭前景图片信息文件

while True:
    strs=input(' 请描述你想象的情景，我将为你画一幅画: ')

    fnbk,fnfr='b00','f00'

# 选定相似度最大的背景图片
    df=0
    for line in lines1:
        fns,strk=line.split(':')
        da=cal(strs,strk)
        if da>df:
            df=da
            fnbk,fnfr=fns.split(',')

# 选定相似度最大的前景图片
    df=0
    for line in lines2:
        fns,strk=line.split(':')
        da=cal(strs,strk)
        if da>df:
```

```
            df=da
            fnfr,fnbk0=fns.split(',')

                                        #如果没有符合输入信息的图片，则选择默认图片
    if fnbk=='b00':
        if fnfr=='f00':
            fnbk,fnfr='b01','f01'
        else:
            fnbk=fnbk0

                                        #建立窗口，显示相应的图片
    w=Tk()                              #建立主窗口
    w.title(' 模拟 AI 绘画 ')            #设置窗口标题
    w.geometry("800x800")

    imbk=PhotoImage(file=fnbk+'.png')
    imfr=PhotoImage(file=fnfr+'.png')

    c=Canvas(w,width=800,height=800)    #建立 Canvas 控件，用于显示图片
    c.pack()
    c.create_image(0,0,image=imbk,anchor=NW)      #显示背景图片
    c.create_image(0,0,image=imfr,anchor=NW)      #显示前景图片

    Button(w,text=" 重画 ",font=('Arial',18,'bold'),
            width=10,command=w.destroy).place(x=200,y=740)
    Button(w,text="退出",font=('Arial',18,'bold'),
            width=10,command=exit).place(x=450,y=740)

    w.mainloop()                        #主窗口建立消息循环
```

与例 20.1 相同，可以随意扩充图片库，只需对图片信息文件进行相应的更新，而无须对源程序进行任何修改。这种设计为用户提供了更大的灵活性和可扩展性。

运行结果：（粗体字为输入文字）

请描述你想象的情景，我将为你画一幅画：**女生在海边运动**。运行结果如图 20-5 所示。

图 20-5

例 20.3　三连消游戏

C++　　MFC

三连消是一款广受欢迎的计算机和手机游戏。其基本规则是，在水平或垂直方向上，只要出现连续 3 个或以上的相同图案，这些图案就会被消除。消除后留下的空位会由上方的图案下移填补，如图 20-6 所示。本例用 MFC 程序来模拟它的运行。

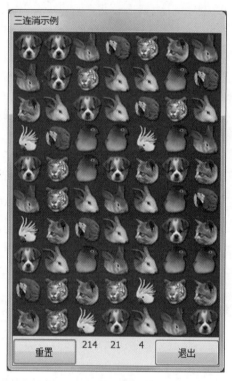

图 20-6

　　首先，需要构建一个数学模型。然而，对于三连消游戏的运作机制，我们目前并不具备深入的了解，同时也没有参考网络上其他程序员提供的示例。因此，以下的数学模型是基于我们自身对游戏工作模式的初步分析和推测所得，可能与游戏实际运作方式存在显著差异。

数学模型设计

　　首先，通过应用程序向导创建一个基于对话框的项目。接着，新建一个类，这个类将作为数学模型的核心。

　　如图 20-7 所示，在类视图的项目区域右击，在弹出的快捷菜单中选择"添加"→"类"选项，（或者从主菜单中执行"项目"→"添加类"命令）。

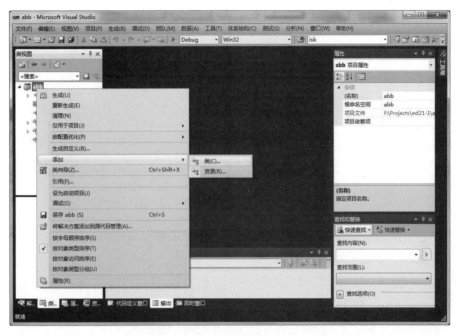

图 20-7

选择 C++ 类，单击"添加"按钮，如图 20-8 所示。

图 20-8

在一般 C++ 类向导中输入新类的名称，单击"完成"按钮，如图 20-9 所示。

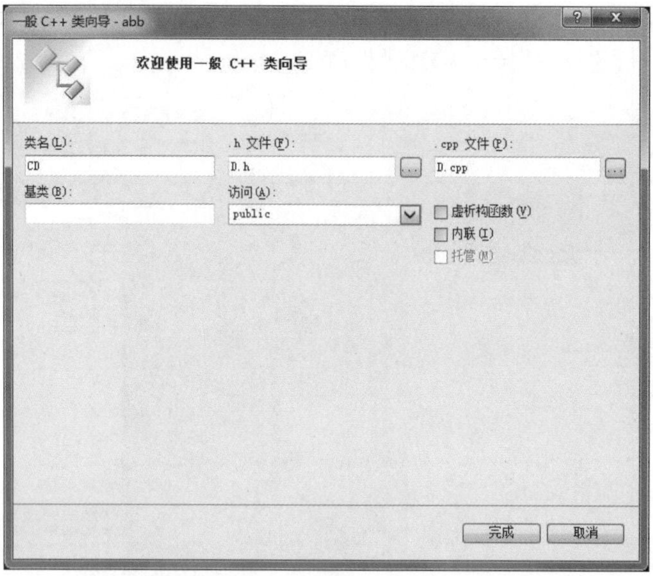

图 20-9

在这个新类 CD 中，定义如下成员变量。

● dat[mx][my]：用于存储三连消中每个位置所放置物品的序号。

● k[my][mx]：标记每个位置是否存在"三连相同"的情况。

定义如下成员函数（或方法）。

● lin()：检测是否存在连排情况。返回出现连排情况的物品总数。

● move()：消去连排数据，并将上方数据下移。之后调用 lin()。

● reset()：重置数据。之后调用 lin()。

● swap(x1,y1,x2,y2)：交换两个位置的数据。调用 lin()，如果不产生，则取消数据交换。

源程序：（灰色斜体字为程序向导自动生成，灰色正体字为类向导自动生成，黑色正体字为手工添加）

D.h

```
#pragma once

#define mx 7
#define my 10
#define seed 4096

class CD
{
public:
    CD(void);
    ~CD(void);
    int dat[my][mx];
    int k[my][mx];
    int lin(void);
```

```
int move(void);
int reset(void);
int swap(int x1, int y1, int x2, int y2);
};
```

D.cpp

```
#include "StdAfx.h"
#include "D.h"

CD::CD(void)
{
}

CD::~CD(void)
{
}

int CD::lin(void)                                       // 检测连排
{
  for(int i=0;i<my;i++)
        for(int j=0;j<mx;j++)
                k[i][j]=0;                              // 标记清零
  for(int i=0;i<my;i++)
        for(int j=0;j<mx;j++)
        {
                if(j<mx-2&&dat[i][j]==dat[i][j+1]&&dat[i][j]==dat[i][j+2])
                {
                        k[i][j]=1;                      // 标记横向最末连排
                        k[i][j+1]=1;
                        k[i][j+2]=1;
                }
                if(j>2&&dat[i][j]==dat[i][j-1]&&dat[i][j]==dat[i][j-2])
                {
                        k[i][j]=1;                      // 标记横向连排
                }
                if(i<my-2&&dat[i][j]==dat[i+1][j]&&dat[i][j]==dat[i+2][j])
                {
                        k[i][j]=1;                      // 标记纵向最末连排
                        k[i+1][j]=1;
                        k[i+2][j]=1;
                }
                if(i>2&&dat[i][j]==dat[i-1][j]&&dat[i][j]==dat[i-2][j])
                {
                        k[i][j]=1;                      // 标记纵向连排
                }
        }
  int sk=0;
  for(int i=0;i<my;i++)
        for(int j=0;j<mx;j++)
                sk+=k[i][j];
  return sk;                                            // 返回统计标记值
}

int CD::move(void)                                      // 消去连排数据
{
  for(int i=0;i<mx;)
  {
        int j;
```

```
            for(j=0;j<my&&(!k[j][i]);j++);// 如果发现连排标记
            if(j<my)
            {
                if(j<my-1)
                    for(int l=j;l<my-1;l++)
                    {
                        dat[l][i]=dat[l+1][i];// 将该数据由上方数据替代
                        k[l][i]=k[l+1][i];
                    };
                dat[my-1][i]=rand()/seed;// 出现空缺由随机数 0~7 补足
                k[my-1][i]=0;
            }
            else
                i++;
    }
    return lin();                              // 返回检测连排
}

int CD::reset(void)                            // 数据重置
{
    for(int i=0;i<my;i++)
        for(int j=0;j<mx;j++)
        {
            dat[i][j]=rand()/seed;             // 数据随机设置为 0~7
            k[i][j]=0;                         // 标记清零
        }
    return lin();                              // 返回检测连排
}

int CD::swap(int x1, int y1, int x2, int y2)   // 交换两个位置的数据
{
    int s=dat[y1][x1];
    dat[y1][x1]=dat[y2][x2];
    dat[y2][x2]=s;
    int sk=lin();                              // 检测连排
    if(sk)
        return sk;
    s=dat[y1][x1];                             // 否则取消交换
    dat[y1][x1]=dat[y2][x2];
    dat[y2][x2]=s;
    return 0;
}
```

界面设计和实现

进入资源视图后，选择所需的对话框。根据需要，调整对话框的尺寸以及按钮的布局。将原有的"确定"按钮更名为"重置"，同时将"取消"按钮更名为"退出"。在两个按钮之间，添加 3 个 Static Text（静态文本）控件，这些控件将用于展示玩家的游戏积分。若希望更精准地设定对话框及各控件的尺寸与位置，也可以选择直接使用写字板或记事本程序来编辑×××.rc资源文件。

abb.rc

```
......
// Dialog
IDD_ABB_DIALOG DIALOGEX 0, 0, 160, 250
```

```
      STYLE DS_SETFONT | DS_FIXEDSYS | WS_POPUP | WS_VISIBLE | WS_CAPTION | WS_
THICKFRAME
      EXSTYLE WS_EX_APPWINDOW
      CAPTION " 三连消示例 "
      FONT 9, "MS Shell Dlg", 0, 0, 0x1
      BEGIN
      DEFPUSHBUTTON     " 重置 ",IDOK,0,230,50,20
      PUSHBUTTON        " 退出 ",IDCANCEL,110,230,50,20
      CTEXT             "0",IDC_STATIC0,50,230,20,20
      CTEXT             "0",IDC_STATIC1,70,230,20,20
      CTEXT             "0",IDC_STATIC2,90,230,20,20
      END
      ......
```

　　注意，3 个静态文本控件的初始 ID 可能都是 IDC_STATIC，为了避免冲突，需要在资源视图或资源文件中为它们分配不同的 ID。此外，在本例中，还需要为这三个控件各增加一个控件变量，以便能够动态地更改它们所显示的字符串。为此，可以在资源视图中对应的静态控件位置上右击，在弹出的快捷菜单中选择"添加变量"选项，如图 20-10 所示。

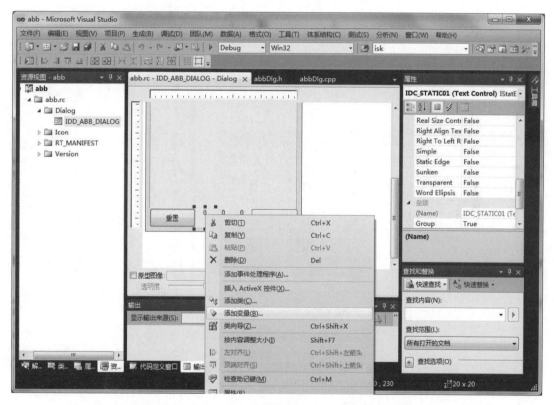

图 20-10

　　只需按照"添加成员变量向导"中的指示填写相关信息即可，如图 20-11 所示。

　　另外，还需要在一个专门的文件夹中准备好游戏中将要展示的物体图片。在本程序的调试阶段，我们预先准备了与数学模型中序号相匹配的数字图片，如图 20-12 所示。我们准备了 3 套图片，分别用于正常显示、出现连排以及被选中时的不同展示场景。程序运行效果如图 20-13。

图 20-11

图 20-12

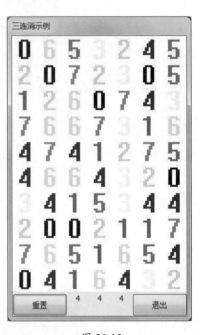

图 20-13

在本例中，需要对 CxxxDlg 类进行以下修改：首先，调整构造函数 CxxxDlg；其次，更新虚函数 OnInitDialog 和消息处理函数 OnPaint。此外，还需要添加若干成员变量（包括控件变量），并实现成员函数 Reset，消息处理函数 OnTimer、OnLButtonDown，以及虚函数 OnOk。

- CxxxDlg 函数：构造函数。在此处将鼠标单击位置、积分预设为 0。
- OnInitDialog 函数：初始化对话框。在此处读取图片，并重置数据。
- OnPaint 函数：处理 WM_PAINT 消息。此处绘制图片。
- OnOk 函数：按下"重置"按钮时调用。此处重置数据，并重绘窗口。
- OnTimer 函数：处理 WM_TIMER 消息。此处消除连排图案并向下移动，重绘窗口，计算积分，确定是否继续计时。

- OnLButtonDown 函数：处理 WM_LBUTTONDOWN 消息。此处记录单击位置、交换数据，开计时器，重绘窗口。

- Reset 函数：重置数据。

abbDlg.h

```
// abbDlg.h : 头文件

#pragma once
#include "D.h"
#include "afxwin.h"

// CabbDlg 对话框
class CabbDlg : public CDialogEx
{
......
public:
  virtual void OnOk();
  afx_msg void OnTimer(UINT_PTR nIDEvent);
  afx_msg void OnLButtonDown(UINT nFlags, CPoint point);
  void Reset(void);
  CD da;                                    // 数学模型
  UINT_PTR tm;                              // 计时器指针
  int x0,y0;                                // 存储鼠标单击位置
  CImage im[3][8];                          // 图片
  CStatic m_q0;                             // 控件，显示总积分
  CStatic m_q1;                             // 控件，显示单次最高积分
  CStatic m_q2;                             // 控件，显示单次积分
  int q0,q1,q2;                             // 存储积分
};
```

abbDlg.cpp

```
// abbDlg.cpp : 实现文件

#include "stdafx.h"
#include "abb.h"
#include "abbDlg.h"
#include "afxdialogex.h"
#include "math.h"
......
// CabbDlg 对话框

CabbDlg::CabbDlg(CWnd* pParent /*=NULL*/)           // 构造函数
  : CDialogEx(CabbDlg::IDD, pParent)
{
  m_hIcon = AfxGetApp()->LoadIcon(IDR_MAINFRAME);
  x0=0;                                             // 鼠标单击位置预设为 0
  y0=0;
  q0=0;                                             // 积分预设为 0
  q1=0;
  q2=0;
}

void CabbDlg::DoDataExchange(CDataExchange* pDX)
{
  CDialogEx::DoDataExchange(pDX);
```

```
        DDX_Control(pDX, IDC_STATIC0, m_q0);
        DDX_Control(pDX, IDC_STATIC1, m_q1);
        DDX_Control(pDX, IDC_STATIC2, m_q2);
}

BEGIN_MESSAGE_MAP(CabbDlg, CDialogEx)
    ON_WM_PAINT()
    ON_WM_QUERYDRAGICON()
    ON_WM_TIMER()
    ON_WM_LBUTTONDOWN()
END_MESSAGE_MAP()

// CabbDlg 消息处理程序

BOOL CabbDlg::OnInitDialog()                               // 初始化对话框
{
    CDialogEx::OnInitDialog();
    ......
    // TODO: 在此添加额外的初始化代码
    for(int i=0;i<3;i++)                                   // 读取图片
            for(int j=0;j<8;j++)
            {
                    CString cst;
                    cst.Format("map\\%d%d.png",®,j);
                    im[i][j].Load(cst);
            }
    Reset();                                               // 重置数据
    return TRUE;  // 除非将焦点设置到控件，否则返回 TRUE
}

void CabbDlg::OnPaint()                                    // 绘图消息处理
{
    CPaintDC dc(this);            // 用于绘制的设备上下文
    if(x0)                        // 如果已选择了一个位置，则在该位置对应标记图片
            im[2][da.dat[y0-1][x0-1]].Draw(dc.m_hDC,40*x0-40,400-40*y0);
    else                          // 否则绘制全部图片
            for(int i=0;i<my;i++)
                    for(int j=0;j<mx;j++)
                    im[da.k[i][j]][da.dat[i][j]].Draw(dc.m_hDC,40*j,360-40*i);
}
......
void CabbDlg::OnOk()                                       // 重置按钮按下处理
{
    // TODO: 在此添加控件通知处理程序代码
    Reset();                                               // 重置数据
    Invalidate();                                          // 重绘窗口
    //CDialogEx::OnOK();                                   // 屏蔽原有函数
}

void CabbDlg::OnTimer(UINT_PTR nIDEvent)                   // 计时器消息处理
{
    // TODO: 在此添加消息处理程序代码和 / 或调用默认值
    int sk=da.move();                                      // 消去连排并向下移动
    Invalidate();                                          // 重绘窗口
    if(sk)
            q2+=sk;                                        // 单次积分
    else
    {
            CString s0,s1,s2;
```

```
                    q2=(int)(pow(1.3,q2)*2+0.5);
                    if(q2>q1)
                    {
                            q1=q2;
                            s1.Format("%d",q1);
                            m_q1.SetWindowText(s1);                  // 计单次最高分
                    }
                    s2.Format("%d",q2);
                    m_q2.SetWindowText(s2);                          // 计单次分
                    q0+=q2>1?q2:0;
                    s0.Format("%d",q0);
                    m_q0.SetWindowText(s0);                          // 计总分
                    KillTimer®;                              // 如果不再连排，停止计时器
            }
        CDialogEx::OnTimer(nIDEvent);
}

void CabbDlg::OnLButtonDown(UINT nFlags, CPoint point)
{
        // TODO：在此添加消息处理程序代码和 / 或调用默认值
        int x1,y1;                                       // 确定单击位置
        x1=point.x/40+1;
        y1=10-point.y/40;
        x1=x1>mx?0:x1;
        y1=y1>my?0:y1;
        if(x0)                                           // 如果已选择了一个位置
        {
                if((x0==x1&&abs(y0-y1)==1)||(y0==y1&&abs(x0-x1)==1))
                {                                        // 如果与上次选择相邻
                        int swp=da.swap(x0-1,y0-1,x1-1,y1-1);   // 如果交换后产生连排
                        if(swp)
                        {
                                q2=swp;                  // 积分
                                tm=SetTimer(1,1000,0);   // 开计时器
                        }
                }
                x0=0;                                    // 选择位置清零
                y0=0;
        }
        else                                             // 否则，记录选择位置
        {
                x0=x1;
                y0=y1;
        }
        Invalidate(0);                                   // 重绘窗口
        CDialogEx::OnLButtonDown(nFlags, point);
}

void CabbDlg::Reset(void)
{
        q0=0;                                            // 积分清零
        q1=0;
        q2=da.reset();                                   // 数据重置
        if(q2)// 如果产生连排
                tm=SetTimer(1,1000,0);                   // 开计时器
        m_q0.SetWindowText("0");                         // 积分显示清零
        m_q1.SetWindowText("0");
        m_q2.SetWindowText("0");
}
```

在程序调试通过后，重新制作游戏显示图片，如图 20-14 所示。

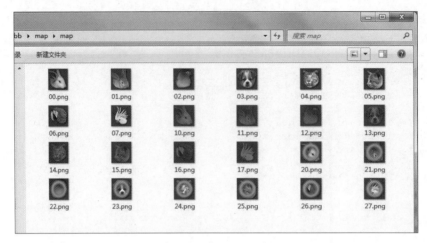

图 20-14

运行结果

程序运行结果如图 20-15 所示。

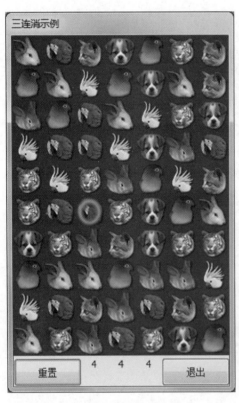
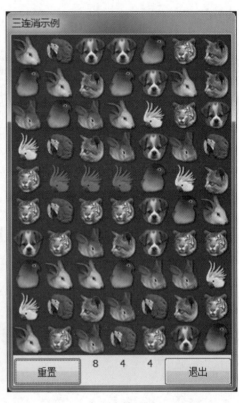

鼠标单击效果   产生连排效果

图 20-15

附录 A

程序结构及常用函数（方法）

Python

程序示例

程序示例	解释
import 库文件	
def func(x,y) 　　… 　　　　return k	自定义函数，格式为：函数名 (形式参数名称 ,…) 自定义函数内容。 return 后为返回值（函数计算结果）
…	主程序内容

语法结构

类型	格式	解释
条件 结构	if 表达式 1: 　　　内容 1…	如果表达式不为 0，则执行内容 1
	elif 表达式 2: 　　　内容 2…	否则如果表达式不为 0，执行内容 2
	else: 　　　内容 3…	否则执行内容 3 如果只需执行内容 1，则 elif 及其后可省略
循环 结构	while 表达式 : 　　　内容 1…	当表达式不为 0 时，循环执行内容 1
	else: 　　　内容 2…	否则执行内容 2
	for I in n: 　　　内容 1…	i 在列表 n 中顺序取值，循环执行内容 1
	else: 　　　内容 2…	当 i 超出 n 范围时，执行内容 2

输入 / 输出

函数	描述
input(str)	从键盘输入一个字符串 str 为在输入时显示的字符串
print(a,b,…,sep=' ',end='\n')	输出到窗口。sep= 输出间隔符，end= 输出结束符

运算符

优先级	运算符		类型	描述
最高 ↑	**		算术	指数运算
	～　+　-		位，算术	按位非，正，负
	*　/　%　//		算术	乘，除，取模，取整除
	+　-			加，减
	>>　<<		位运算	右移，左移
	&			按位与
	^　|			按位异或，按位或
	<=　<　>　>=		比较	
	==　!= 或 <>			等于，不等于
	=　%=　/=　//= -=　+=　*=　**=		赋值	
	is　is not		身份	是（同一地址），不是（同一地址）
	in　not in		成员	在（序列）中，不在（序列）中
↓ 最低	not　and　or		逻辑	非，与，或

数据类型

类型					示例
不可变数据	数字	整数		int	0 -1 100
		浮点数	Number	float	1.0 3.42
		布尔		bool	TRUE/FALSE 1/0
		复数		complex	1.7+4.5j
	字符串		String		'abc' "def"
	元组		Tuple		(1,2,'5','ab')
可变数据	列表		List		[3,2,'a']
	字典		Dictionary		{'ab':356,'d':'asdf'}
	集合		Set		{3,5,'ab'}

类型转换函数

函数	描述	参数类型
int(x)	将 x 转换为整数	浮点数，字符串
float(x)	将 x 转换为浮点数	整数，字符串
complex(x,y)	以 x 为实部，以 y 为虚部合成复数	整数，浮点数
str(x)	将 x 转换为字符串	各种数据
ord(c)	将字符 c 转换为 ASCII 代码	字符
chr(a)	将整数 a 转换为 ASCII 代码对应的字符	整数
list(t)	将元组转换为列表	元组
tuple(l)	将列表转换为元组	列表

数据通用操作

函数或操作	描述	参数类型
[n]	读取第 n+1 个字符或元素	整数（对于字符串、元组、列表、集合）、不可变数据（对于字典）
[-n]	读取倒数第 n 个字符或元素	整数（对于字符串、元组、列表、集合）
[n:m]	截取第 n+1 到 m 个字符或元素	整数（对于字符串、元组、列表、集合）
len(x)	返回对象长度或元素个数	字符、元组、列表、字典、集合
max(x)	返回对象中的最大值	字符、元组、列表
min(x)	返回对象中的最小值	字符、元组、列表

文件操作

函数	描述
open(fn,mode=m)	打开一个文件，并返回文件对象。fn：文件名 m：打开模式。'r'：只读。'w'：只写。'r+', 'w+'：读写
file.close()	关闭文件对象
file.read(n)	从文件读取 n 字节
file.readline()	读取整行
file.readlines()	读取所有行并返回列表
file.seek(x)	移动到文件第 x+1 字节

续表

函数	描述
file.write(s)	将字符串 s 写入文件
file.writelines(l)	向文件写入一个序列字符串列表 1

math 数学模块

函数	描述
abs(x)	返回数字的绝对值
max(x1, x2,...)	返回给定参数的最大值，参数可以为序列
min(x1, x2,...)	返回给定参数的最小值，参数可以为序列
sqrt(x)	返回数字 x 的平方根
random()	随机生成下一个实数，范围为 [0,1)
acos(x)	返回 x 的反余弦弧度值
asin(x)	返回 x 的反正弦弧度值
atan(x)	返回 x 的反正切弧度值
atan2(y, x)	返回给定的 x 及 y 坐标值的反正切值
cos(x)	返回 x 的弧度的余弦值
sin(x)	返回 x 的弧度的正弦值
tan(x)	返回 x 的弧度的正切值
degrees(x)	将弧度转换为角度，如 degrees(math.pi/2)，返回 90.0
radians(x)	将角度转换为弧度

turtle 绘图模块

函数或方法	描述
turtle()	返回一个新画笔
screensize(w,h)	调整画布大小（宽，高）
tracer(n)	n 非 0，打开海龟动画，0：关闭海龟动画
update()	更新海龟屏幕对象，tracer 关闭时使用
speed(s)	s 为 0 ～ 10 的整数（1 ～ 10 越来越快，0 表示最快）

函数或方法	描述
hideturtle() 或 ht()	隐藏画笔
showturtle() 或 st()	显示画笔
reset()	清屏并将画笔位置和方向恢复到初始状态
clear()	清屏并且画笔形状也恢复默认，保持画笔位置和方向不变
home()	将位置和方向恢复到初始状态
penup() 或 pu()	抬笔
pendown() 或 pd()	落笔
pencolor(c)	设置画笔颜色
fillcolor(c)	设置画笔填充颜色
colormode(m)	设置 colormode 的值为 1.0 或 255
forward(d) 或 fd(d)	画笔向绘制方向移动 d 像素
backward(d) 或 bk(d)	画笔向绘制反方向移动 d 像素
left(a) 或 lt(a)	绘制方向向左旋转 a 角度
right(a) 或 rt(a)	绘制方向向右旋转 a 角度
goto(x, y)	移动到 (x,y) 坐标位置
circle(r)	按给定的半径画圆，当前位置为圆的初始端点
write(str,font=("Arial",8,"normal"))	绘制文本
begin_poly()	开始记录多边形的第一个顶点
end_poly()	结束记录多边形的顶点
get_poly()	获取最后记录的多边形
register_shape(nm,shape=sp) addshape(nm,shape=sp)	注册海龟图形
shape(name)	设置（海龟）画笔箭头形状
onkeypress(fun,k)	按 K 键时调用 fun 函数，需要在之后调用 listen() 才能生效
onclick(fun,bn)	按下鼠标 bn 键时调用 fun 函数，bn=1：左键，3：右键
ontimer(fun,n)	开启一个计时器，n 毫秒后调用函数 fun
bye()	关闭海龟图形窗口

tkinter 窗口模块

函数或方法	描述
w=Tk()	创建窗口
w.title(str)	设置窗口标题
w.geometry('200x100')	设置窗口大小
k=Frame(r)	创建矩形区域用于
k=Label(r,text=str,bg=c,font=(ft,n),width=w,height=h)	创建标签
k=Entry(r,textvariable=var)	创建单行文本框
k=Text(r)	创建多行文本框
k=Button(r,text=str,command=func)	创建按钮
k=Canvas(r, width=w,height=h)	创建画布
k=Listbox(r,listvariable=var)	创建列表框
k=Scrollbar(r)	创建滚动条
k.pack()	放置控件

C/C++

程序示例

程序示例	解释	
#include < 头文件 >	<iostream> <iomanip> <cstdio> <bits/stdc++.h>	输入输出流：包含 cin、cout 等命令 包含 setw() 等函数 标准输入输出：包含 freopen()、printf()、scanf() 等函数 C++ 万能头文件，可替代以上头文件
using namespace std	使用标准命名空间，包含 <iostream> 时需要使用	
int a,b; char c;	定义全局变量，格式为： 变量类型 变量名 1，变量名 2…… 如不需要，可不使用全局变量	int 整型 float 浮点型 char 字符型

程序示例	解释

int func1(int x,float y)
{
　　……
　　return k;
}
	自定义函数，格式为：
	返回值类型 函数名 (形参类型 形式参数名称 ,……)
	{
	　　自定义函数内容。return 后为返回值（函数计算结果）
	}

void func2(char cc)
{
　　……
}
	如函数无返回值，返回值类型为 void
	
	　　不使用 return 语句

int main()	主函数返回值类型可以为 int 或 void
{ 　　int a; 　　……	定义局部变量。局部变量的有效范围从定义处至包含它的 { } 结束为止
freopen(" 文件 1"," r",stdin);	重定向输入：如果改键盘输入为文件输入时使用
freopen(" 文件 2","w",stdout);	重定向输出：如果改显示器输出为文件输出时使用
cin>>a>>b;	输入
……	
i=func1; 　　…… 　　func2;	调用自定义函数
……	
fclose(stdin); 　　fclose(stdout);	关闭重定向输入 / 输出，与 freopen 配套
return 0;	主函数返回值类型为 int 时需要，为 void 不写
}	主函数结束

程序结构

类型	格式	解释
	if(表达式) {	如果表达式不为 0，则执行内容 1，否则执行内容 2
	内容 1…… }	如果内容 1 或 2 只有一个语句，则其外的 { } 可省略

类型	格式	解释

条件结构	else
	{
	　　　　内容 2……
	}
		如果只需执行内容 1，则 else 及其后可省略

	条件运算符？: 表达式 1? 表达式 2: 表达式 3	如果表达式不为 0，整个表达式的值等于表达式 2，否则等于表达式 3
	例如：l=a?b:c;	相当于：if(a) l=b; else l=c;
分支结构	switch(表达式) { 　　　　case 常量 1:	如果表达式等于常量 1，则执行内容 1； 如果表达式等于常量 2，执行内容 2 和内容 3； 如果表达式等于常量 3，执行内容 3； 表达式等于其他数值，执行内容 4
	内容 1……; 　　　　　　　break; 　　　　case 常量 2: 　　　　　　　内容 2……; 　　　　case 常量 3: 　　　　　　　内容 3……; 　　　　　　　break;	case 后执行的内容至第 1 个 break 为止
	default: 　　　　　　　内容 4……; }	如果无内容 4 需要执行，default 可省略
循环结构	wile(表达式) {	当表达式不为 0，循环执行内容 1
	内容 1…… }	如果内容 1 只有一个语句，则 { } 可省略
	do {	先执行内容 1，当表达式不为 0，继续循环执行内容 1
	内容 1…… } wile(表达式)	如果内容 1 只有一个语句，则 { } 可省略
	for(表达式 1; 表达式 2; 表达式 3) {	先执行表达式 1，当表达式 2 不为 0，则循环执行内容 4 和表达式 3
	内容 4…… }	如果内容 4 只有一个语句，则 { } 可省略

运算符

优先级	类别	运算符	结合性
最高	后缀	() [] → . ++ --	从左到右
	一元	+ - ! ~ ++ -- (type) * & sizeof	从右到左
↑	乘除	* / %	从左到右
	加减	+ -	从左到右
	移位	<< >>	从左到右
	关系	< <= > >=	从左到右
	相等	== !=	从左到右
	位与 AND	&	从左到右
	位异或 XOR	^	从左到右
	位或 OR	|	从左到右
	逻辑与 AND	&&	从左到右
	逻辑或 OR	||	从左到右
↓	条件	? :	从右到左
	赋值	= += -= *= /= %= >>= <<= &= ^= |=	从右到左
最低	逗号	,	从左到右

输入 / 输出

函数	解释	头文件
scanf	格式扫描函数（用于标准输入） 格式：scanf(" 格式符 1 格式符 2……",& 变量 1,& 变量 2,……);	<cstdio>
printf	格式打印函数（用于标准输出） 格式：printf(" 格式符 1 格式符 2……", 变量 1, 变量 2,……);	
cin	控制台输入命令 格式：cin>> 变量 1>> 变量 2>>……;	<iostream>
cout	控制台输入命令 格式：cout<< 变量 1<< 变量 2<<……;	

214

数据类型

数据类型	变量定义	输入输出格式符
整型	int	%d 或 %i
实型（浮点数）	float	%f 或 %e
字符型	char	%c
无符号整型	unsigned	%u
双精度实型	double	%lf 或 %le

字符串

字符串存储在字符数组中。数组下标应至少比字符串长度大 1
常用定义形式：
char s[10];
char s[]="helloworld";
格式输入形式：scanf("%s",s);
格式输出形式：printf("%s",s);

C++   EGE

程序示例

程序示例	解释
#include <graphics.h>	EGE 头文件
int main() { 　　……;	
initgraph(800,500);	初始化图形窗口

setbkcolor(WHITE);
　　setcolor(BLACK);
　　setfillcolor(RED);
	设置背景色
	设置画笔色
	设置填充色

……;
　　circle(400,300,100);
　　line(100,100,500,400);
　　……;
	绘制图形

getch();	暂停
closegraph(); }	关闭图形窗口

常用函数

	函数	描述
绘图环境	initgraph(w,h)	初始化绘图环境（宽、高）
	cleardevice(p)	清除指定对象 p 绘制面内容，NULL 为绘图窗口
	closegraph()	关闭图形环境
	settarget(p)	设置当前绘图对象为 p，NULL 为绘图窗口
颜色表示	EGERGB(r,g,b)	返回红、绿、蓝颜色分量合成颜色
	setbkcolor(c)	设置当前背景色
	setcolor(c)	设置绘图前景色
	setfillcolor(c)	设置绘图填充色
绘制图形	arc(x,y,sta,enda,r)	绘制圆弧（圆心坐标、起止角度、半径）
	pieslice(x,y,sta,enda,r)	填充圆扇形（圆心坐标、起止角度、半径）
	circle(x,y,r)	绘制圆（圆心坐标、半径）
	ellipse(x,y,sta,enda,xr,yr)	绘制椭圆弧线（圆心坐标、起止角度、x 半径、y 半径）
	fillellipse(x,y,xr,yr)	填充椭圆（圆心坐标、x 半径、y 半径）
	sector(x,y,sta,enda,xr,yr)	绘制填充椭圆扇形（圆心坐标、起止角度、x 半径、y 半径）
绘制图形	rectangle(left,top,right,bottom)	绘制空心矩形（左上右下）
	bar(left,top,right,bottom)	填充矩形（左上右下）
	fillpoly(n,points)	填充多边形（顶点数，坐标数组）
	line(x1, y1, x2, y2,)	绘制直线（起止坐标）
	lineto(x,y)	绘制直线到（坐标）
	moveto(x,y)	移动到（坐标）
	floodfill(x,y,c)	区域填充（坐标、区域边界颜色）
	getpixel(x,y)	返回像素点（坐标）的颜色
	putpixel(x,y,c)	绘制像素点（坐标、颜色）
	outtextxy(x,y,str)	输出文字（坐标、字符串）
	setfont(h,w,font)	设置当前字体样式（高度、宽度、字体名称）
	getimage(p,sx,sy,sw,sh) getimage(p,file)	从屏幕获取图像（对象、源图左上坐标、宽、高） 从文件获取图像（对象、文件名）
	putimage(x,y,p)	绘制图像（左上坐标、对象）

续表

	函数	描述
其他	getch()	返回键盘字符输入
	getmouse()	返回鼠标消息
	delay_ms(ms)	延迟时间（毫秒）

C++　　　MFC

MFC 应用程序向导自动生成的类

多文档	单文档	对话框	类名	描述
☆	☆	☆	CxxxApp	执行类。负责执行程序，调用其他类
☆	☆		CMainFrame	主框架类。负责控制程序与外界的信息交换
☆			CChildFrame	子框架类。负责子窗口与外界的信息交换
☆	☆		CChildView	子视图类。负责窗口的显示及内部消息的处理
		☆	CxxxDlg	对话框类。负责程序与外界信息交换及消息处理

常用类及类函数

类	类函数（方法）	描述
CWnd 窗口	CloseWindow()	窗口最小化
	MoveWindow(x,y,w,h)	移动窗口（左上角坐标，宽，高）
	UpdateData()	更新窗口数据
	GetDC()	返回窗口的绘图设备环境
	Invalidate()	重绘窗口
	InvalidateRect(rect)	重绘矩形区域（矩形结构）
	ShowWindow(ns)	显示窗口 SW_SHOWMAXIMIZED：最大化 SW_SHOWMINIMIZED：最小化 SW_SHOWNORMAL：普通
	UpdateWindow()	更新窗口
	SetWindowText(str)	设置标题文字（字符串）
	KillTimer(tm)	终止计时器（计时器变量）
	SetTimer(n,ms,NULL)	设置计时器（计时器号码，间隔时间毫秒数）

类	类函数（方法）	描述
CDC 设备 环境	AngleArc(x,y,r,sta,swa)	绘制圆弧（圆心坐标，半径，起始角度，中心角）
	BitBlt(x,y,w,h,pSDC,xs,ys,dr)	粘贴图像（左上坐标，宽，高，源图像，坐标，粘贴模式）
	CreateCompatibleDC(pDC)	创建虚拟（兼容）设备环境
	DrawIcon(x,y,hicon)	绘制图标（坐标，图标）
	Ellipse(x1,y1,x2,y2)	绘制椭圆（左上右下坐标）
	FloodFill(x,y,c)	填充区域（点坐标，区域边界颜色）
	GetPixel(x,y)	返回像素颜色（坐标）
	LineTo(x,y)	绘制直线到（坐标）
	MoveTo(x,y)	移动到（坐标）
	Polygon(pt,n)	填充多边形（顶点数组，顶点数）
	Polyline(pt,n)	绘制多边形（顶点数组，顶点数）
	Rectangle(x1,y1,x2,y2)	绘制矩形（左上右下坐标）
	SelectObject(pObj)	选择对象（画笔、画刷、字体、位图等）
	SetPixel(x,y,c)	绘制像素点（坐标、颜色）
	TextOut(x,y,str)	绘制文本（坐标，字符串）
CPen 画笔	CPen(style,w,c)	创建画笔（类型，宽度，颜色）
	CreatPen(style,w,c)	创建画笔（类型，宽度，颜色）
CBrush 画刷	CreatePatternBrush(pb)	创建图案画刷（位图）
	CreateSolidBrush(c)	创建单色画刷（颜色）
CFont	CreatPointFont(n,fn)	创建字体（字号，字体名称）
CImage 图片	Draw(hDC,x,y)	绘制图像（目标设备环境，坐标）
	GetHeight()	返回图像高度
	GetWidth()	返回图像宽度
	Load(fn)	读取图像（文件名）
	Save(fn)	保存图像（文件名）

类	类函数（方法）	描述
CFile 文件	Open(fn,md)	打开文件（文件名，模式）
	Close()	关闭文件
	Read(p,n)	读取（内存指针，字节数）
	Write(p,n)	写入（内存指针，字节数）

附录 B

练习题参考程序

练习 1　简单的人机对话（1）

Python

```python
a=int(input('请问你今年多少岁？'))
b=int(input('再问一下，你妈妈今年多少岁？'))
print('哦！我知道了。你妈妈比你大',b-a,'岁',sep='')
```

C++

```cpp
#include <iostream>
using namespace std;
int main()
{
  int a,b;
  cout<<"请问你今年多少岁？";
  cin>>a;
  cout<<"再问一下，你妈妈今年多少岁？";
  cin>>b;
  cout<<"哦！我知道了。你妈妈比你大"<<b-a<<"岁";
}
```

运行结果

```
请问你今年多少岁？14
再问一下，你妈妈今年多少岁？36
哦！我知道了。你妈妈比你大22岁
```

练习 2　简单的人机对话（2）

Python

```python
print('请你在鱼、鸟和兽之间选择一种。')
a=input('请问它有羽毛吗？（y/n）')
if a=='y':
    print('你选的是鸟。')
elif a=='n':
    a=input('那请问它有腮吗？（y/n）')
    if a=='y':
        print('你选的是鱼。')
    elif a=='n':
        print('你选的是兽。')
    else:
        print('请输入y或n。')
else:
    print('请输入y或n。')
```

C++

```cpp
#include <iostream>
using namespace std;
int main()
{
  char a;
  cout<<" 请你在鱼、鸟和兽之间选择一种。\n";
  cout<<" 请问它有羽毛吗？（y/n）";
  cin>>a;
  if(a=='y')
        cout<<" 你选的是鸟。";
  else
        if (a=='n')
        {
                cout<<" 那请问它有腮吗？（y/n）";
                cin>>a;
                if(a=='y')
                        cout<<" 你选的是鱼。";
                else
                        if(a=='n')
                                cout<<" 你选的是兽。";
                        else
                                cout<<" 请输入 y 或 n。";
        }
        else
                cout<<" 请输入 y 或 n。";
}
```

运行结果

```
请你在鱼、鸟和兽之间选择一种。
请问它有羽毛吗？（y/n）n
那请问它有腮吗？（y/n）y
你选的是鱼。
```

练习 3　今天是星期几（3）

C++

```cpp
#include <iostream>
using namespace std;
int main()
{
  int a;
  cout<<" 今天是星期几？ ";
  cin>>a;
  switch(a)
  {
        case 1:
        case 2:
        case 3:
        case 4:
```

```
                case 5:
                        cout<<" 今天上学 ";
                        break;
                case 6:
                case 7:
                        cout<<" 今天休息 ";
                        break;
                defauit:
                        cout<<" 请输入 1 ~ 7 " ;
        }
    }
```

运行结果

今天是星期几? *4*
今天上学

今天是星期几? *7*
今天休息

今天是星期几? *12*
请输入 1 ~ 7

练习 4   求 π (2)

Python

```
a=0.0
for i in range(1,100,2):
    if i%4==3:
        a-=1.0/i*(1.0/2**i+1.0/3**i)
    else:
        a+=1.0/i*(1.0/2**i+1.0/3**i)
print(a*4)
```

运行结果

3.1415926535897922

C++

```
#include <iostream>
#include <iomanip>
#include <math.h>
using namespace std;

int main()
{
  double a;
  int i;
  a=0;
  for(i=1;i<=100;i+=2)
  {
```

```
            if(i%4==3)
                    a-=1.0/i*(1/pow(2,i)+1/pow(3,i));
            else
                    a+=1.0/i*(1/pow(2,i)+1/pow(3,i));
    }
    cout<<setprecision(15)<<a*4;
    return 0;
}
```

运行结果

```
3.14159265358979
```

练习5 输出三角形阵列

Python

```python
for i in range(1,4):
    for j in range(1,i+1):
        print(j,end=' ')
    for j in range(i-1,0,-1):
        print(j,end=' ')
    print('')
for i in range(4,0,-1):
    for j in range(1,i+1):
        print(j,end=' ')
    for j in range(i-1,0,-1):
        print(j,end=' ')
    print('')
```

C++

```cpp
#include <iostream>
using namespace std;
int main()
{
    int i,j;
    for(i=1;i<=4;i++)
    {
            for(j=1;j<=i;j++)
                    cout<<j<<" ";
            for(j=i-1;j>0;j--)
                    cout<<j<<" ";
            cout<<endl;
    }
    for(i=3;i>0;i--)
    {
            for(j=1;j<=i;j++)
                    cout<<j<<" ";
            for(j=i-1;j>0;j--)
                    cout<<j<<" ";
            cout<<endl;
    }
```

```
    }
```

运行结果

```
1
1 2 1
1 2 3 2 1
1 2 3 4 3 2 1
1 2 3 2 1
1 2 1
1
```

练习6　输出杨辉三角形（1）

C++

```cpp
#include <iostream>
#include <iomanip>
using namespace std;
int main()
{
    int a[8]={0},i,j;
    a[1]=1;
    for(i=1;i<=7;i++)
    {
            for(j=i;j>0;j--)
                    a[j]=a[j]+a[j-1];
            for(j=1;j<=i;j++)
                    cout<<setw(3)<<a[j];
            cout<<endl;
    }
}
```

运行结果

```
1
1  1
1  2   1
1  3   3   1
1  4   6   4   1
1  5  10  10   5   1
1  6  15  20  15   6   1
```

练习7　密码（2）

Python

```python
s=input('请输入不超过20位的密码：')
a=''
```

```
    for i in range(0,len(s)):
        if ord(s[i])>=65 and ord(s[i])<=86:
            a+=chr(ord(s[i])+4)
        elif ord(s[i])>=87 and ord(s[i])<=90:
            a+=chr(ord(s[i])-22)
        else:
            a+=s[i]
print(a)
```

C++

```
#include <iostream>
using namespace std;
int main()
{
  char a[21];
  cout<<"请输入不超过20位的密码:";
  cin>>a;
  for(int i=0;a[i];i++)
  {
        if(a[i]>=65&&a[i]<=86)
        a[i]+=4;
        if(a[i]>=87&&a[i]<=90)
        a[i]-=22;
  }
  cout<<a;
}
```

运行结果

```
请输入不超过20位的密码:aBKGH123
aFOKL123
```

练习8　输出杨辉三角形（2）

Python

```
a=[0,1,0,0,0,0,0,0]
for i in range(1,8):
    for j in range(i,0,-1):
        a[j]=a[j]+a[j-1]
    for j in range(1,i+1):
        print('%3d'%a[j],end='')
    print('')
```

运行结果

```
  1
  1  1
  1  2  1
  1  3  3  1
  1  4  6  4  1
```

```
1   5 10 10   5   1
1   6 15 20 15   6   1
```

练习 9　绘制图形

1. 绘制正方形渐开线

Python

```python
from turtle import *

screensize(1000,1000)
speed(0)
penup()
goto(20,-20)
a=40
pendown()
while a<800:
    left(90)
    forward(a)
    backward(a)
    right(90)
    circle(a,90)
    a+=40
```

C++　**EGE**

```cpp
#include <graphics.h>

int main()
{
  int x,y,x1,y1;
  initgraph(1000,1000);
  setbkcolor(WHITE);
  setcolor(BLACK);
  for(int n=1;x>=0||y>=0;n++)
  {
        switch(n%4)
        {
        case 1:
                x=520;
                y=480;
                x1=x;
                y1=y+n*40;
                break;
        case 2:
                x=480;
                y=480;
                x1=x+n*40;
                y1=y;
                break;
        case 3:
```

```
                    x=480;
                    y=520;
                    x1=x;
                    y1=y-n*40;
                    break;
            case 0:
                    x=520;
                    y=520;
                    x1=x-n*40;
                    y1=y;
                    break;
            }
            line(x,y,x1,y1);
            arc(x,y,90*(n-2),90*(n-1),n*40);
        }
    getch();
    closegraph();
}
```

运行结果

运行结果如图 B-1 所示。

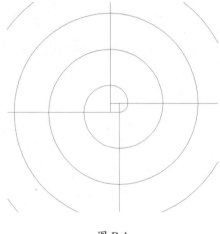

图 B-1

2. 绘制橘猫

```
C++        EGE

#include <graphics.h>

int main()
{
    initgraph(1000,1000);
    setbkcolor(WHITE);
    setcolor(BLACK);
    setfillcolor(EGERGB(230,180,100));
    int a[6]={420,440,420,400,460,410},b[6]={580,440,580,400,540,410};
```

```
    fillpoly(3,a);
    fillpoly(3,b);
    fillellipse(500,500,100,100);
    setfillcolor(BLACK);
    fillellipse(465,475,5,5);
    fillellipse(535,475,5,5);
    fillellipse(500,510,5,5);
    line(540,515,620,515);
    line(538,500,614,470);
    line(538,530,614,560);
    line(460,515,380,515);
    line(462,500,386,470);
    line(462,530,386,560);
    getch();
    closegraph();
}
```

Python

```python
from turtle import *

screensize(1000,1000)
speed(0)
hideturtle()
colormode(255)
fillcolor((230,180,100))
begin_fill()
penup()
goto(-80,60)
pendown()
goto(-80,100)
goto(-40,90)
penup()
goto(80,60)
pendown()
goto(80,100)
goto(40,90)
end_fill()
penup()
goto(0,-100)
pendown()
begin_fill()
circle(100)
end_fill()
penup()
fillcolor('BLACK')
goto(-35,20)
pendown()
begin_fill()
circle(5)
end_fill()
penup()
goto(35,20)
pendown()
begin_fill()
circle(5)
end_fill()
penup()
```

```
goto(0,-15)
pendown()
begin_fill()
circle(5)
end_fill()
penup()
forward(40)
pendown()
forward(80)
penup()
backward(120)
left(20)
forward(40)
pendown()
forward(80)
penup()
backward(120)
left(140)
forward(40)
pendown()
forward(80)
penup()
backward(120)
left(20)
forward(40)
pendown()
forward(80)
penup()
backward(120)
left(20)
forward(40)
pendown()
forward(80)
penup()
backward(120)
left(140)
forward(40)
pendown()
forward(80)
penup()
backward(120)
left(20)
```

运行结果

运行结果如图 B-2 所示。

图 B-2

练习 10   一群橘猫

C++   EGE

```cpp
#include <graphics.h>

void cat(int x,int y,float s)
{
  int a[6],b[6];
  a[0]=a[2]=x-80*s;
  b[0]=b[2]=x+80*s;
  a[1]=b[1]=y-60*s;
  a[3]=b[3]=y-100*s;
  a[4]=x-40*s;
  b[4]=x+40*s;
  a[5]=b[5]=y-90*s;
  setfillcolor(EGERGB(230,180,100));
  fillpoly(3,a);
  fillpoly(3,b);
  fillellipse(x,y,100*s,100*s);
  setfillcolor(BLACK);
  fillellipse(x-35*s,y-25*s,5*s,5*s);
  fillellipse(x+35*s,y-25*s,5*s,5*s);
  fillellipse(x,y+10*s,5*s,5*s);
  line(x+40*s,y+15*s,x+120*s,y+15*s);
  line(x+38*s,y,x+114*s,y-30*s);
  line(x+38*s,y+30*s,x+114*s,y+60*s);
  line(x-40*s,y+15*s,x-120*s,y+15*s);
  line(x-38*s,y,x-114*s,y-30*s);
  line(x-38*s,y+30*s,x-114*s,y+60*s);
}

int main()
{
  initgraph(1000,1000);
  setbkcolor(WHITE);
  setcolor(BLACK);
  cat(500,500,1);
  cat(300,300,0.7);
  cat(500,200,0.5);
  cat(800,300,0.6);
  cat(800,600,0.4);
  cat(700,700,0.4);
  cat(300,700,0.6);
  getch();
  closegraph();
}
```

Python

```python
from turtle import *

def li(s):
    penup()
    forward(40*s)
    pendown()
```

```
        forward(80*s)
        penup()
        backward(120*s)

    def fillcircle(r):
        pendown()
        begin_fill()
        circle(r)
        end_fill()
        penup()

    def cat(x,y,s):
        fillcolor((230,180,100))
        penup()
        goto(x-80*s,y+60*s)
        begin_fill()
        pendown()
        goto(x-80*s,y+100*s)
        goto(x-40*s,y+90*s)
        penup()
        goto(x+80*s,y+60*s)
        pendown()
        goto(x+80*s,y+100*s)
        goto(x+40*s,y+90*s)
        end_fill()
        penup()
        goto(x,y-100*s)
        fillcircle(100*s)
        fillcolor('BLACK')
        goto(x-35*s,y+20*s)
        fillcircle(5*s)
        goto(x+35*s,y+20*s)
        fillcircle(5*s)
        goto(x,y-15*s)
        fillcircle(5*s)
        li(s)
        left(20)
        li(s)
        left(140)
        li(s)
        left(20)
        li(s)
        left(20)
        li(s)
        left(140)
        li(s)
        left(20)

    screensize(1000,1000)
    speed(0)
    hideturtle()
    colormode(255)
    cat(0,0,1)
    cat(-200,200,0.7)
    cat(0,300,0.5)
    cat(300,200,0.6)
    cat(300,-100,0.4)
    cat(200,-200,0.4)
    cat(-200,-200,0.6)
```

运行结果

运行结果如图 B-3 所示。

图 B-3

练习 11　递归应用

1. 约分（2）

`C++`　　`EGE`

```cpp
#include <iostream>
#include <cmath>
using namespace std;

int p(int m,int n)
{
    return m==n?n:p(min(m,n),abs(m-n));
}

int main()
{
    int a,b,c,i;
    char d;
    cin>>a>>d>>b;
    c=p(a,b);
    cout<<a/c<<"/"<<b/c;
    return 0;
}
```

Python

```
def p(m,n):
    if m==n:
        return n
    else:
        return p(min(m,n),abs(m-n))

a=input()
b=a.split('/')
a=int(b[0])
b=int(b[1])
c=p(a,b)
print(int(a/c),'/',int(b/c))
```

运行结果

182/98
13/7

2. 斯尔宾斯基地毯

C++   EGE

```
# include <graphics.h>

void sb(int x1,int y1,int x2,int y2)
{
  if(abs(x1-x2)+abs(y1-y2)<20)
        rectangle(x1,y1,x2,y2);
  else
  {
        sb(x1,y1,(2*x1+x2)/3,(2*y1+y2)/3);
        sb((2*x1+x2)/3,y1,(x1+2*x2)/3,(2*y1+y2)/3);
        sb((x1+2*x2)/3,y1,x2,(2*y1+y2)/3);
        sb(x1,(2*y1+y2)/3,(2*x1+x2)/3,(y1+2*y2)/3);
        sb((x1+2*x2)/3,(2*y1+y2)/3,x2,(y1+2*y2)/3);
        sb(x1,(y1+2*y2)/3,(2*x1+x2)/3,y2);
        sb((2*x1+x2)/3,(y1+2*y2)/3,(x1+2*x2)/3,y2);
        sb((x1+2*x2)/3,(y1+2*y2)/3,x2,y2);
  }
}

int main()
{
  initgraph(800,800);
  setbkcolor(WHITE);
  setcolor(BLACK);
  sb(100,100,700,700);
  getch();
  closegraph();
  return 0;
}
```

Python

```python
from turtle import *

def sb(x1,y1,x2,y2):
    if(abs(x1-x2)+abs(y1-y2)<20):
        penup()
        goto(x1,y1)
        pendown()
        setx(x2)
        sety(y2)
        setx(x1)
        sety(y1)
        penup()
    else:
        sb(x1,y1,(2*x1+x2)/3,(2*y1+y2)/3)
        sb((2*x1+x2)/3,y1,(x1+2*x2)/3,(2*y1+y2)/3)
        sb((x1+2*x2)/3,y1,x2,(2*y1+y2)/3)
        sb(x1,(2*y1+y2)/3,(2*x1+x2)/3,(y1+2*y2)/3)
        sb((x1+2*x2)/3,(2*y1+y2)/3,x2,(y1+2*y2)/3)
        sb(x1,(y1+2*y2)/3,(2*x1+x2)/3,y2)
        sb((2*x1+x2)/3,(y1+2*y2)/3,(x1+2*x2)/3,y2)
        sb((x1+2*x2)/3,(y1+2*y2)/3,x2,y2)

screensize(800,800)
tracer(False)
sb(-300,-300,300,300)
hideturtle()
```

运行结果

运行结果如图 B-4 所示。

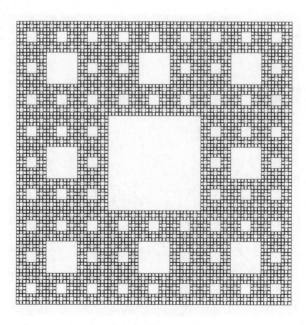

图 B-4

练习 12　处理多个密码（2）

C++　　　　EGE

```
#include<iostream>
using namespace std;

void mima(char* a)                                    // 定义密码处理程序
{
  for(int i=0;a[i];i++)
  {
        if(a[i]>=65&&a[i]<=86)
        a[i]+=4;
        if(a[i]>=87&&a[i]<=90)
        a[i]-=22;

  }
  cout<<a<<endl;
}

int main()
{
  char a[]="hGHIDf789",b[]="788HGGj",c[]="jFGY%$%";
  mima(a);
  mima(b);
  mima(c);
  return 0;
}
```

运行结果

```
hKLMHf789
788LKKj
jJKC%$%
```

练习 13　结构体橘猫

C++

```
#include <graphics.h>

struct cat
{
  float s;
};

void setcat(cat &c,float s)
{
  c.s=s;
}
```

```
    void drawcat(cat c,int x,int y)
    {
      int a[6],b[6];
      a[0]=a[2]=x-80*c.s;
      b[0]=b[2]=x+80*c.s;
      a[1]=b[1]=y-60*c.s;
      a[3]=b[3]=y-100*c.s;
      a[4]=x-40*c.s;
      b[4]=x+40*c.s;
      a[5]=b[5]=y-90*c.s;
      setfillcolor(EGERGB(230,180,100));
      fillpoly(3,a);
      fillpoly(3,b);
      fillellipse(x,y,100*c.s,100*c.s);
      setfillcolor(BLACK);
      fillellipse(x-35*c.s,y-25*c.s,5*c.s,5*c.s);
      fillellipse(x+35*c.s,y-25*c.s,5*c.s,5*c.s);
      fillellipse(x,y+10*c.s,5*c.s,5*c.s);
      line(x+40*c.s,y+15*c.s,x+120*c.s,y+15*c.s);
      line(x+38*c.s,y,x+114*c.s,y-30*c.s);
      line(x+38*c.s,y+30*c.s,x+114*c.s,y+60*c.s);
      line(x-40*c.s,y+15*c.s,x-120*c.s,y+15*c.s);
      line(x-38*c.s,y,x-114*c.s,y-30*c.s);
      line(x-38*c.s,y+30*c.s,x-114*c.s,y+60*c.s);
    }

    int main()
    {
      initgraph(1000,1000);
      setbkcolor(WHITE);
      setcolor(BLACK);
      cat c1,c2,c3,c4,c5;
      setcat(c1,1);
      setcat(c2,0.7);
      setcat(c3,0.5);
      setcat(c4,0.6);
      setcat(c5,0.4);
      drawcat(c1,500,500);
      drawcat(c2,300,300);
      drawcat(c3,500,200);
      drawcat(c4,800,300);
      drawcat(c5,800,600);
      drawcat(c5,700,700);
      drawcat(c4,300,700);
      getch();
      closegraph();
    }
```

运行结果

运行结果如图 B-5 所示。

图 B-5

练习 14　用文本文件表示图形

C++　　　EGE

```cpp
#include <graphics.h>
#include <iostream>
using namespace std;

int main()
{
    int x0,y0,x1,y1,r;
    char c;
    freopen("inf.txt","r",stdin);
    initgraph(500,500);
    setbkcolor(WHITE);
    setcolor(BLACK);
    do
    {
        cin>>c;
        switch(c)
        {
        case 'L':
            cin>>x0>>y0>>x1>>y1;
            line(x0,y0,x1,y1);
            break;
        case 'C':
            cin>>x0>>y0>>r;
            circle(x0,y0,r);
            break;
        case 'R':
            cin>>x0>>y0>>x1>>y1;
            rectangle(x0,y0,x1,y1);
```

```
                    break;
            }
    }
    while(c!='E');
    fclose(stdin);
    getch();
    closegraph();
    return 0;
}
```

运行结果

运行结果如图 B-6 所示。

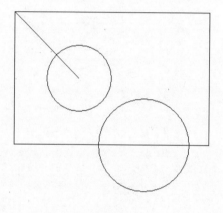

图 B-6

Python

```
from turtle import *

f=open("inf.txt",mode='r')
screensize(1000,1000)
tracer(False)
hideturtle()
penup()
for a in f.readlines():
    b=a.split(' ')
    if b[0]=='L':
        goto(int(b[1]),int(b[2]))
        pendown()
        goto(int(b[3]),int(b[4]))
    elif b[0]=='C':
        goto(int(b[1]),int(b[2])-int(b[3]))
        pendown()
        circle(int(b[3]))
    elif b[0]=='R':
        goto(int(b[1]),int(b[2]))
```

```
        pendown()
        setx(int(b[3]))
        sety(int(b[4]))
        setx(int(b[1]))
        sety(int(b[2]))
    penup()
f.close()
```

运行结果

运行结果如图 B-7 所示。

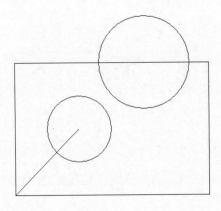

图 B-7

练习 15　绘制正弦曲线

C++　　　EGE

```cpp
#include <graphics.h>
#include <cmath>

class zb
{
   int x0,y0,s0;
public:
   zb(int x,int y,int s);
   void line(float x1, float y1, float x2, float y2);
   void outtextxy(float x, float y,char *s);
   void draw();
   void moveto(float x,float y);
   void lineto(float x,float y);
};

zb::zb(int x,int y,int s)
```

```
{
  x0=x;
  y0=y;
  s0=s;
}

void zb::line(float x1, float y1, float x2, float y2)
{
  ::line(x0+x1*s0,y0-y1*s0,x0+x2*s0,y0-y2*s0);
}

void zb::outtextxy(float x, float y,char s[])
{
  ::outtextxy(x0+x*s0,y0-y*s0,s);
}

void zb::draw()
{
  outtextxy(-0.6,0,"0");
  outtextxy(6,0,"x");
  outtextxy(-0.6,6,"y");
  line(-2,0,6,0);
  line(0,-2,0,6);
  line(6,0,5.6,-0.1);
  line(6,0,5.6,0.1);
  line(0,6,-0.1,5.6);
  line(0,6,0.1,5.6);
  for(int i=-1;i<6;i++)
  {
          line(i,0,i,0.4);
          line(0,i,0.4,i);
  }
}

void zb::moveto(float x, float y)
{
  ::moveto(x0+x*s0,y0-y*s0);
}

void zb::lineto(float x, float y)
{
  ::lineto(x0+x*s0,y0-y*s0);
}

int main()
{
  initgraph(500,500);
  setbkcolor(WHITE);
  setcolor(BLACK);
  setfont(40,0,"Times New Roman");
  zb z(150,350,50);
  z.draw();
  z.moveto(-2,sin(-2.0));
  for(float x=-2;x<=5;x+=0.01)
          z.lineto(x,sin(x));
  z.outtextxy(4,-1,"y = sin x");
  getch();
  closegraph();
}
```

Python

```python
from turtle import *
from math import *

class zb:
    def __init__(sf,x,y,s):
        sf.x0=x
        sf.y0=y
        sf.s0=s
    def outtextxy(sf,x,y,st,n):
        penup()
        goto(sf.x0+x*sf.s0,sf.y0+(y-0.8)*sf.s0)
        write(st,font=("Times New Roman",n,'normal'))
    def moveto(sf,x,y):
        penup()
        goto(sf.x0+x*sf.s0,sf.y0+y*sf.s0)
    def lineto(sf,x,y):
        pendown()
        goto(sf.x0+x*sf.s0,sf.y0+y*sf.s0)
    def line(sf,x1,y1,x2,y2):
        zb.moveto(sf,x1,y1)
        zb.lineto(sf,x2,y2)
        penup()
    def draw(sf):
        zb.outtextxy(sf,-0.6,0,"0",25)
        zb.outtextxy(sf,6,0,"x",25)
        zb.outtextxy(sf,-0.6,6,"y",25);
        zb.line(sf,-2,0,6,0)
        zb.line(sf,0,-2,0,6)
        zb.line(sf,6,0,5.6,-0.1)
        zb.line(sf,6,0,5.6,0.1)
        zb.line(sf,0,6,-0.1,5.6)
        zb.line(sf,0,6,0.1,5.6)
        for i in range(-1,6):
            zb.line(sf,i,0,i,0.4)
            zb.line(sf,0,i,0.4,i)

screensize(500,500)
hideturtle()
speed(0)
Turtle().screen.delay(0)
z=zb(-100,-100,50)
z.draw()
z.moveto(-2,sin(-2.0))
for i in range(-200,500):
    x=i/100
    z.lineto(x,sin(x))
z.outtextxy(4,-1,"y = sin x",25)
```

运行结果

运行结果如图 B-8 所示。

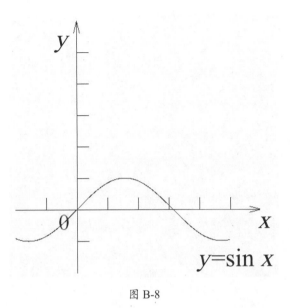

图 B-8

练习 16 移动的橘猫

`C++` `EGE`

```cpp
#include <graphics.h>

void cat(int x,int y)
{
  int a[6],b[6];
  a[0]=a[2]=x-80;
  b[0]=b[2]=x+80;
  a[1]=b[1]=y-60;
  a[3]=b[3]=y-100;
  a[4]=x-40;
  b[4]=x+40;
  a[5]=b[5]=y-90;
  setfillcolor(EGERGB(230,180,100));
  fillpoly(3,a);
  fillpoly(3,b);
  fillellipse(x,y,100,100);
  setfillcolor(BLACK);
  fillellipse(x-35,y-25,5,5);
  fillellipse(x+35,y-25,5,5);
  fillellipse(x,y+10,5,5);
  line(x+40,y+15,x+120,y+15);
  line(x+38,y,x+114,y-30);
  line(x+38,y+30,x+114,y+60);
  line(x-40,y+15,x-120,y+15);
  line(x-38,y,x-114,y-30);
  line(x-38,y+30,x-114,y+60);
```

```
    }
int main()
{
  initgraph(800,600);
  PIMAGE img=newimage();
  getimage(img,0,0,800,600);
  settarget(img);
  setbkcolor(WHITE);
  setcolor(BLACK);
  int x=400,y=300,xx=1,yy=-1;
  while(!kbhit())
  {
          cleardevice(img);
          cat(x,y);
          if(x<=120||x>=680)
                  xx*=-1;
          if(y<=100||y>=500)
                  yy*=-1;
          x+=xx;
          y+=yy;
          settarget(NULL);
          putimage(0,0,img);
          settarget(img);
          delay_ms(5);
  }
  delimage(img);
  closegraph();
}
```

Python

```
from turtle import *

def kf():
    global n
    n=0

screensize(800,600)
tracer(False)
colormode(255)

goto(-80,60)
begin_poly()
goto(-80,100)
goto(-40,90)
goto(80,60)
goto(80,100)
goto(40,90)
end_poly()
er=get_poly()

goto(0,-100)
begin_poly()
circle(100)
end_poly()
fc=get_poly()
```

```
goto(0,-100)
begin_poly()
circle(100)
end_poly()
fc=get_poly()

goto(-35,20)
begin_poly()
circle(5)
end_poly()
le=get_poly()

goto(35,20)
begin_poly()
circle(5)
end_poly()
re=get_poly()
goto(0,-15)
begin_poly()
circle(5)
end_poly()
ns=get_poly()

forward(40)
begin_poly()
forward(80)
end_poly()
l1=get_poly()
backward(120)

left(20)
forward(40)
begin_poly()
forward(80)
end_poly()
l2=get_poly()
backward(120)

left(140)
forward(40)
begin_poly()
forward(80)
end_poly()
l3=get_poly()
backward(120)

left(20)
forward(40)
begin_poly()
forward(80)
end_poly()
l4=get_poly()
backward(120)

left(20)
forward(40)
begin_poly()
forward(80)
end_poly()
```

```
l5=get_poly()
backward(120)
left(140)
forward(40)
begin_poly()
forward(80)
end_poly()
l6=get_poly()
backward(120)

sh=Shape('compound')
sh.addcomponent(er,(230,180,100),'black')
sh.addcomponent(fc,(230,180,100),'black')
sh.addcomponent(le,'black','black')
sh.addcomponent(re,'black','black')
sh.addcomponent(ns,'black','black')
sh.addcomponent(l1,'black','black')
sh.addcomponent(l2,'black','black')
sh.addcomponent(l3,'black','black')
sh.addcomponent(l4,'black','black')
sh.addcomponent(l5,'black','black')
sh.addcomponent(l6,'black','black')
register_shape('cat',sh)

reset()
penup()
shape('cat')
setheading(90)

update()
tracer(True)
speed(1)
penup()
n=1
onkeypress(kf,None)
listen()
x=0
y=0
xx=1
yy=1
while n:
    while abs(x)<350 and abs(y)<250:
        x+=xx
        y+=yy
    goto(x,y)
    if abs(x)>=350:
        xx*=-1
    if abs(y)>=250:
        yy*=-1
    x+=xx
    y+=yy
bye()
```

练习 17　鼠标控制的橘猫

C++　　　EGE

```cpp
#include <graphics.h>
#include <iostream>
using namespace std;

void cat(int x,int y)
{
  int a[6],b[6];
  a[0]=a[2]=x-80;
  b[0]=b[2]=x+80;
  a[1]=b[1]=y-60;
  a[3]=b[3]=y-100;
  a[4]=x-40;
  b[4]=x+40;
  a[5]=b[5]=y-90;
  setfillcolor(EGERGB(230,180,100));
  fillpoly(3,a);
  fillpoly(3,b);
  fillellipse(x,y,100,100);
  setfillcolor(BLACK);
  fillellipse(x-35,y-25,5,5);
  fillellipse(x+35,y-25,5,5);
  fillellipse(x,y+10,5,5);
  line(x+40,y+15,x+120,y+15);
  line(x+38,y,x+114,y-30);
  line(x+38,y+30,x+114,y+60);
  line(x-40,y+15,x-120,y+15);
  line(x-38,y,x-114,y-30);
  line(x-38,y+30,x-114,y+60);
}

int main()
{
  initgraph(800,600);
  PIMAGE img=newimage();
  getimage(img,0,0,800,600);
  settarget(img);
  setbkcolor(WHITE);
  setcolor(BLACK);
  int x=400,y=300,xd=x,yd=y;
  float xf=x,yf=y,xs=0,ys=0;
  int tw=1;
  mouse_msg ms={0};
  do
  {
        cleardevice(img);
        cat(x,y);
        settarget(NULL);
        putimage(0,0,img);
        settarget(img);
        if(abs(x-xd)+abs(y-yd)<2)
        {
                do
```

```
                    {
                        ms=getmouse();
                    }
                while(!ms.is_down());
                xd=ms.x;
                yd=ms.y;
                xf=x;
                yf=y;
                float ll=max(abs(xd-x),abs(yd-y));
                xs=2*(xd-x)/ll;
                ys=2*(yd-y)/ll;
            }
        xf+=xs;
        yf+=ys;
        x=xf;
        y=yf;
        delay_ms(5);
    }
    while (!ms.is_right());
    delimage(img);
    closegraph();
}
```

Python

```python
from turtle import *

def clk(x,y):
    global xd,yd
    xd=x
    yd=y

def ec(x,y):
    global n
    n=0

screensize(800,600)
tracer(False)
colormode(255)

goto(-80,60)
begin_poly()
goto(-80,100)
goto(-40,90)
goto(80,60)
goto(80,100)
goto(40,90)
end_poly()
er=get_poly()

goto(0,-100)
begin_poly()
circle(100)
end_poly()
fc=get_poly()

goto(0,-100)
begin_poly()
```

```
circle(100)
end_poly()
fc=get_poly()

goto(-35,20)
begin_poly()
circle(5)
end_poly()
le=get_poly()

goto(35,20)
begin_poly()
circle(5)
end_poly()
re=get_poly()

goto(0,-15)
begin_poly()
circle(5)
end_poly()
ns=get_poly()

forward(40)
begin_poly()
forward(80)
end_poly()
l1=get_poly()
backward(120)

left(20)
forward(40)
begin_poly()
forward(80)
end_poly()
l2=get_poly()
backward(120)

left(140)
forward(40)
begin_poly()
forward(80)
end_poly()
l3=get_poly()
backward(120)

left(20)
forward(40)
begin_poly()
forward(80)
end_poly()
l4=get_poly()
backward(120)

left(20)
forward(40)
begin_poly()
forward(80)
end_poly()
l5=get_poly()
```

```
backward(120)

left(140)
forward(40)
begin_poly()
forward(80)
end_poly()
l6=get_poly()
backward(120)

sh=Shape('compound')
sh.addcomponent(er,(230,180,100),'black')
sh.addcomponent(fc,(230,180,100),'black')
sh.addcomponent(le,'black','black')
sh.addcomponent(re,'black','black')
sh.addcomponent(ns,'black','black')
sh.addcomponent(l1,'black','black')
sh.addcomponent(l2,'black','black')
sh.addcomponent(l3,'black','black')
sh.addcomponent(l4,'black','black')
sh.addcomponent(l5,'black','black')
sh.addcomponent(l6,'black','black')
register_shape('cat',sh)

reset()
penup()
shape('cat')
setheading(90)
update()
tracer(True)
speed(1)
penup()
onscreenclick(clk)
onscreenclick(ec,3)
xd=0
yd=0
n=1
while n:
    delay(10)
    goto(xd,yd)
bye()
```